7 CLAVES PARA ENTENDER EL MUNDO DIGITAL QUE VIENE

PROFIT
editorial

Profit Editorial, sello editorial de referencia en libros de empresa y management. Con más de 400 títulos en catálogo, ofrece respuestas y soluciones en las temáticas:

- Management, liderazgo y emprendeduría.
- Contabilidad, control y finanzas.
- Bolsa y mercados.
- Recursos humanos, formación y coaching.
- Marketing y ventas.
- Comunicación, relaciones públicas y habilidades directivas.
- Producción y operaciones.

E-books:
Todos los títulos disponibles en formato digital están en todas las plataformas del mundo de distribución de e-books.

Manténgase informado:
Únase al grupo de personas interesadas en recibir, de forma totalmente gratuita, información periódica, newsletters de nuestras publicaciones y novedades a través del QR:

Dónde seguirnos:
 @profiteditorial

 Profit Editorial

Ejemplares de evaluación:
Nuestros títulos están disponibles para su evaluación por parte de docentes. Aceptamos solicitudes de evaluación de cualquier docente, siempre que esté registrado en nuestra base de datos como tal y con actividad docente regular. Usted puede registrarse como docente a través del QR:

Nuestro servicio de atención al cliente:
Teléfono: **+34 934 109 793**
E-mail: **info@profiteditorial.com**

DAVID BORONAT
CON LA COLABORACIÓN DE
GUSTAVO ROJAS Y ANNA SOLANA

7 CLAVES PARA ENTENDER EL MUNDO DIGITAL QUE VIENE

Hasta ayer, el futuro digital era mañana

PRÓLOGO DE ALFONS CORNELLA

Todas las publicaciones de Profit están disponibles para realizar ediciones personalizadas por parte de empresas e instituciones en condiciones especiales.

Para más información, por favor, contactar con: info@profiteditorial.com

© David Boronat, 2023
© Profit Editorial I., S. L., 2023
Travessera de Gràcia, 18-20; 6.º 2.ª; Barcelona-08021

Ilustraciones del interior: Maria Calvet
Diseño de cubierta: XicArt
Maquetación: Fotocomposición gama, sl

ISBN: 978-84-19841-11-7
Depósito legal: B 11015-2023
Primera edición: Junio de 2023
Segunda edición: Septiembre de 2023

Impresión: Gráficas Rey
Impreso en España – *Printed in Spain*

Sara, Ian i Asha,

Ni en 1000 vides hagués pogut somiar en tenir una família tan increïble i meravellosa!

Love u

En mi reino —dice la Reina de Corazones a Alicia a través del espejo— necesitas correr con todas tus fuerzas si pretendes permanecer en el mismo lugar.

ÍNDICE

PRÓLOGO

Si te gusta la tecnología este libro te encantará. Si la temes, te preocupará. Y si crees que no va contigo, y a pesar de ello, lo lees, reconsiderarás que puedas seguir sin estar al día de lo va ocurriendo. Incluso puede ser que algún lector decida, tras la lectura, hacerse activista: ya sea activista a favor de la tecnología transformadora de la sociedad (y aumentadora de las capacidades humanas), o activista en contra de la tecnología «exterminadora» de la humanidad (y en manos de una minoría ultra-rica que desarrolla tecnologías simplemente por el hecho de que *puede* hacerse, sin cuestionarse si *debe* hacerse o no).

Este es un libro muy bien documentado, y muy bien argumentado. Leerlo te ahorrará leer decenas de otros textos. Podrás leerlo rápido, porque va directamente a explicar el *qué* y el *cómo* de las tecnologías que van a determinar el futuro de la sociedad. Y, en muchas cuestiones, apunta la necesidad de preguntarse el *por qué*: ¿realmente nos interesa que tal cosa ocurra, es conveniente, es inevitable, o es preciso que impidamos que ocurra? El libro también apunta *cuándo* puede que ocurra, y *quiénes* serán, muy probablemente, sus protagonistas. E introduce una visión amplia de *dónde* ocurrirá, con algunas notas sobre lo que está ocurriendo en Asia, especialmente en China, que, en mi opinión, tendrá un papel crítico en la transformación del mundo tal y como hoy lo conocemos.

El autor, sin ninguna duda el empresario digital más bien informado sobre lo que viene que conozco, nos ayuda a entender cómo esto va a ir de *aumentación* (humanos que pueden hacer nuevas cosas gracias a su combinación con máquinas), de una *virtualidad* extendida que hará que la realidad «real» sea un mero caso particular de la virtual, de tecnologías que incrementarán la productividad, que nos *entenderán* mejor que nadie, y que sabrán qué queremos *antes* que nosotros mismos. La cuestión no es si todo esto pasará o no, sino cómo nos *informamos* sobre cómo pasará para que podamos *incorporarlo* a nuestra actividad, personal y profesional, para hacer mejor nuestro trabajo y optar a ser, claro, más felices, individual y colectivamente.

Nunca en la historia ha habido tantas personas trabajando en la investigación científica y en el desarrollo tecnológico. El avance en estos dos ámbitos es, nos dicen, «exponencial», porque se produce una especie de «resonancia» entre los avances conseguidos, de manera que nuevas ideas desarrollan nuevas ideas, que permiten mejores desarrollos, con los que se producen nuevos avances. Pero, al mismo tiempo, quizás nunca ha habido un nivel de desigualdad económica tan ingente, y, me permito apuntar, tan peligrosa. Y nadie puede descartar que este *tsunami* de desarrollo tecnológico que nos viene encima derive, para millones de personas, en una voluntad de contrarrevolución: personas que no quieren vivir en un mundo que no pueden ni entender y que les impide vivir en «su» modelo de sociedad, que ven bien diferente. Nadie puede decir si esto ocurrirá, pero por lo menos nos lo tenemos que preguntar, y el autor lo hace puntualmente en diversas partes del texto.

Lo que es obvio es que no podemos pensar como siempre. Nos debemos a nosotros mismos una «visita al futuro». Para aprender cosas nuevas, decidir cuáles desaprendemos y cuáles defendemos porque creemos que están amenazadas y no queremos que desaparezcan. Que lo decida cada uno, a partir de su posición moral. Pero, en cualquier caso, que lo haga a partir de información bien elaborada, y contrastada, sobre lo que viene. Y esto libro es una fantástica herramienta para conseguirlo.

Las dos próximas décadas serán fascinantes: habrá *robots* (exoesqueletos, quizás) que permitirán volver a caminar a personas que hoy no pueden hacerlo; se desarrollarán *vacunas* para el cáncer; idearemos nuevas metodologías para *aprender* más y mejor; conseguiremos que las *máquinas* (¿inteligentes?) hagan los trabajos agotadores y deshumanizadores que no debería hacer ningún humano. Pero también se generarán nuevos *problemas*: quizás descubriremos (aterrados) que los *micro-plásticos* generan nuevas enfermedades que ni imaginábamos, es posible que centenares de millones de personas deban *reentrenarse* para poder trabajar y conseguir un mínimo nivel de dignidad en su vida (aunque algunos propongan que cada cual tendrá un robot que trabajará para él/ella, y generará suficiente valor para que su «dueño» pueda justificar la renta básica que reciba); todo ello en el supuesto que consigamos entender y controlar el impacto del *cambio climático* y mantengamos un planeta en el que valga la pena vivir.

Todo dependerá de cómo la gente más inteligente del planeta proponga utilizar la ciencia y la tecnología que, como el libro explica, crecerá exponencialmente en las próximas décadas. Yo espero que millones de «rebeldes tecnológicos» pongan la salud del planeta, y la dignidad de los humanos, como objetivos indiscutibles de la revolución tecnológica. Me consta que el autor está entre ellos.

Lee este libro, entiende el futuro, y decide *cómo* quieres que sea. Porque, lo creas o no, decidirlo aún está en nuestras manos.

ALFONS CORNELLA

INTRODUCCIÓN

El título de la película ganadora de los Óscar 2023 resume el estado de la cuestión. Y del mundo, seguramente. *Todo a la vez en todas partes*, dirigida por Dan Kwan y Daniel Scheinert, es una comedia dramática que escenifica el concepto de multiverso y que el *New York Times* la describió en su momento como «un remolino anárquico de géneros».

En esas estamos. Blockchain, NFTs, DAOs, ChatGPT, DeFi, DApp... Asistimos día sí y día también a una profusión de nuevas siglas y conceptos difíciles de interiorizar y al nacimiento de nuevas *startups* y compañías que proponen soluciones y tecnologías innovadoras que aspiran a cambiarlo literalmente todo.

La innovación se abre camino a una velocidad sorprendente, la verdad. La telefonía fija alcanzó una tasa de penetración del 80% a escala mundial en 2005, después de más de un siglo de desarrollo. Los *smartphones* llegaron a la misma cifra en solo doce años. Netflix necesitó tres años para conseguir su primer millón de usuarios. Twitter tardó dos años y dos meses. Spotify, menos de un año. Instagram, poco más de dos meses. Y TikTok pasó de ser una auténtica desconocida a convertirse en la *app* más descargada del mundo en muy poco tiempo. A ChatGPT le bastaron tan solo cinco días para conseguir que un millón de personas empezara a usar su servicio.

Vivimos en un mundo más global y más interconectado donde la ley de Moore insiste en bajar costos y precios al mismo tiempo que dobla las capacidades de todo tipo de tecnologías y soluciones, generando una sensación de vértigo y ansiedad por no conseguir estar nunca al día. Puede que a esto sea a lo que Alvin Toffler se refería cuando hablaba del *shock del futuro* como aquella desorientación vertiginosa que se siente por la llegada prematura de lo que está por venir. Y si no lo es, se le parece muchísimo.

Nada parece indicar que esto vaya a cambiar. Todo lo contrario. La curva está cogiendo más y más velocidad para confirmar que estamos viviendo ya de lleno en una nueva era que futuristas como Azeem Azhar se atreven a definir como exponencial.

Hemos tardado en darnos cuenta de ello porque llevábamos ya un tiempo en la parte más plana y lenta de la curva logarítmica en la que entramos hacía el año 1970 con la aparición de internet y el microprocesador, pero cuyo *tipping point* no se ha dado hasta la segunda década de este siglo. Y es que, como bien dice Azeen en su libro *Exponential*, el hecho de que a los humanos no se nos dé muy bien pensar en términos exponenciales no nos ha ayudado a entender qué realmente estaba sucediendo. Las personas, por lo general, vivimos vidas bastante lineales donde pocas veces experimentamos cambios dramáticos en nuestra existencia.

La inteligencia artificial empezó torpe y lenta y, durante más de cincuenta años, su avance no fue muy significativo. En sus inicios, uno de los mayores obstáculos fue la falta de grandes cantidades de datos con los que trabajar y, sobre todo, de capacidad computacional. No obstante, al entrar en el siglo XXI se empezaron a dar las condiciones necesarias para que el *deep learning* se propusiera emular, a través de la creación de redes neuronales, la misma lógica de pensar y razonar del cerebro humano. Por si fuera poco, en unos años, tendremos la computación cuántica a nuestro alcance y, en lugar de usar bits —ceros y unos—, usaremos qubits, que pueden representar un uno, un cero o ambos al mismo tiempo, lo que permitirá resolver problemas complejos que hoy resultan imposibles de resolver incluso para los superordenadores que existen en la actualidad.

Por eso mismo, sin dejar de pensar en el presente, debemos empezar a imaginar qué representará que en la próxima década tengamos ordenadores mucho más potentes, que la energía renovable sea más barata que cualquier nueva capacidad eléctrica basada en combustibles fósiles, que secuenciar el genoma pueda costar menos que un café y que haya nanosatélites que nos proporcionen datos de cualquier dispositivo o objeto en tiempo real. El coste de las tecnologías clave en informática, energía, biología y robótica va a disminuir drásticamente, con el permiso del planeta y la coyuntura económica.

Y aunque el futuro siga siendo impredecible —sino no le llamaríamos futuro— reflexionar sobre lo que puede deparar nos dará la agilidad estratégica y mental para adaptarnos más rápidamente a lo que venga, ya que, al menos, habremos imaginado posibles escenarios y horizontes donde la tecnología pueda cambiar de arriba abajo nuestras industrias y nuestras vidas.

Para ello, vamos a necesitar dejar de tenerle miedo a la tecnología. Por lo general, los cambios tecnológicos provocan incertidumbre y zozobra. Hace cien años parece ser que nos daban miedo los ascensores, los teléfonos o los primeros coches. Pero, poco a poco cada innovación fue integrándose en nuestras vidas para cambiar nuestro entorno. Los ascensores nos permitieron construir edificios más altos y alteraron para siempre la forma y el *skyline* de nuestras ciudades. El teléfono revolucionó la manera en la que nos relacionamos con amigos y familiares. Y el coche nos permitió desplazarnos de una forma que antes no habríamos podido ni imaginar.

Ahora estamos en las mismas. La innovación tecnológica avanza en direcciones que aún no comprendemos y puede que haga más profundo el *gap* que existe entre *tecnoescépticos* y tecnooptimistas, es decir, entre los que dudan que la tecnología construirá un mundo mejor y los que consideran que ayudará a resolver alguno de los retos más grandes que tiene hoy en día la humanidad.

En este siglo, mejor dicho, en las próximas décadas, vamos a ver muchas más tecnologías que repensarán cuánto conocemos y hacemos. Y lo harán no solo por su misma naturaleza, sino porque, como dice Peter Diamandis en su libro *The future is faster than you think,* están convergiendo las unas con las otras. De hecho, su convergencia confirmará que estamos en una era excepcional. Una era exponencial para la mayoría. Una era extraordinaria para los más optimistas.

Lo más complejo es precisamente que tantas cosas estén pasando al mismo tiempo, porque hace difícil distinguir entre el simple ruido y aquello que realmente vendrá para cambiarlo todo.

Este es el objetivo de este libro. Ordenar ideas y conceptos para dejar de ver árboles por todas partes y vislumbrar, o al menos intuir, el bosque completo. Un bosque que, sin duda, nos hará sonreír al descubrir en pocos años lo equivocados que estábamos al pensar que mientras escribíamos estas líneas vivíamos tiempos modernos. Esto no ha hecho más que comensar y todo apunta que vamos a tener que prepararnos porque vienen curvas y nuestras vidas podrían dar un giro significativo.

Vamos hacia un mundo cada vez más decidido por algoritmos. Un mundo donde dejaremos de sentirnos solos o, en cualquier caso, donde todo tipo de asistentes virtuales personales querrán acompañarnos. Un mundo inmersivo donde nos acostumbraremos a aumentar todo lo que vemos. Un mundo lleno de sensores allí donde vayamos. Un mundo único donde

nuestras experiencias aspirarán a ser más únicas y personalizadas. Y un mundo más rápido donde lo querremos todo al
instante.

De todo ello es de lo que nos hemos propuesto conversar contigo si finalmente decides acompañarnos en este viaje fascinante
al futuro digital que se avecina.

1
Un mundo decidido por algoritmos

Hoy en día ya nos fiamos de Netflix para saber qué película o nueva serie ver el fin de semana, de Amazon para comprar nuestro próximo libro o de Waze para elegir la ruta más rápida para volver a casa.

Pero una vez que contemos con una mejor inteligencia artificial —y al paso que esto va no tardaremos demasiado—, la empezaremos a tener en cuenta en cada vez más decisiones más importantes de nuestras vidas. Viendo las apuestas e inversiones de empresas como Google, Microsoft, OpenAI o incluso del mismo gobierno chino, no hay duda de que esto va muy en serio. Y muy rápido, aunque quizá no seamos ni conscientes de ello porque la inteligencia artificial ya la estamos usando a diario casi sin darnos cuenta.

Todo será más *smart*. O lo parecerá. Así que empresas de todo tipo y tamaño se verán obligadas a pensar cómo incorporar capas de inteligencia en cada uno de sus procesos y actividades, porque todo apunta a que la inteligencia artificial se irá convirtiendo en la nueva electricidad si hacemos caso a expertos reconocidos como Andrew NG, profesor de la Universidad de Stanford, o a futuristas como Peter Diamandis, quienes constatan que la inteligencia artificial lo invadirá todo, hasta el punto de que habrá en muchos sectores dos tipos de empresas: aquellas que hagan un uso total de esta y aquellas otras que simplemente acaben yéndose a la bancarrota. No sabemos si llegaremos tan lejos. Pero todo apunta a que no habrá rincón donde la inteligencia artificial y la robotización no transformen drásticamente la forma en la que trabajamos o vivimos, al menos si hacemos caso a las palabras de Bill Gates, que en su ensayo *The Age of AI has begun* nos confiesa que en toda su carrera solo ha sentido dos momentos realmente revolucionarios: la llegada de los primeros interfaces gráficos (que lo llevaron a desarrollar Windows) y la irrupción de ChatGPT (y, como veremos, todo lo representa).

En cualquier caso, la inteligencia artificial no será solo imprescindible porque tenga la capacidad de analizar cantidades inimaginables de información estructurada y no-estructurada en milésimas de segundos. Lo será porque, desde hace unos años (no muchos), la inteligencia artificial ha aprendido a aprender por sí sola.

UNA CARRERA APASIONANTE

Geoff Hinton, Yann Lecun, Yoshua Bengio, Alex Krizhevsky, Ilya Sutskever, Demis Hassabis. O Shane Legg. Seguramente no te sonarán. No los conoce nadie (o casi nadie). Sin embargo, de la lectura de *Genius Makers* de Cade Metz uno solo puede sentir profunda admiración por todos y cada uno de ellos.

Salvando las distancias respecto de los riesgos y agallas que tuvieron Magallanes, Elcano o el mismo Colón, la convicción de estos investigadores a la hora de creer que es posible crear inteligencia artificial que pueda superar en algún momento a la humana —cruzar el punto de la singularidad— es simplemente fascinante. Ellos son los verdaderos culpables de que el mundo vaya a cambiar en los próximos años a pasos agigantados, porque son ellos los que han sabido darle una vuelta de tuerca definitiva para repensar la inteligencia artificial y, por ende, el mundo de algoritmos y robots de todos los tipos y colores que se nos viene encima.

Todos ellos tuvieron que resistir la corriente principal de la comunidad científica que creía en el uso de algoritmos simbólicos para convertir la realidad en símbolos para establecer y modelar relaciones entre conceptos, términos y datos. Sus propuestas prefirieron considerar que era mejor que esas relaciones emergieran de forma automática a través de sistemas de redes neuronales, buscando emular nuestro cerebro y construyendo en capas *(layers)* cálculos que ayudaran a crear conocimiento e inteligencia.

Aquí es donde entra en escena el *deep learning*, que representa un giro copernicano al proponer que máquinas y algoritmos aprendan por sí solos por simple refuerzo —por prueba y error— en lugar de seguir reglas y códigos específicos predefinidos previamente, permitiéndolos llegar a hacer todo tipo de tareas de manera autónoma precisamente porque adaptan su comportamiento y mejoran en el tiempo sin ningún tipo de necesidad de intervención humana.

Y todo porque a alguien se le ocurrió que no teníamos que enseñar a las máquinas ni decirles mucho qué tenían que hacer. Ellas podrían aprender por ellas mismas. Y la mejor manera de hacerlo era intentar reproducir literalmente la lógica de cómo nuestro cerebro funciona y aprende. Por repetición y refuerzo.

El neocórtex, la parte del cerebro que se encarga del control espacial, la percepción sensorial, el habla y los pensamientos conscientes, está controlado por un único algoritmo biológico donde cada cálculo realizado por una neurona es casi insignificante por sí mismo, pero, cuando se combina con el cálculo de otras neuronas, es cuando se produce la magia (mejor dicho, la inteligencia). El aprendizaje se produce precisamente a través de la transmisión de señales eléctricas a lo largo de un sistema de neuronas, que —ahora sí—deciden conectarse entre sí y hacer que razonemos y pensemos.

Si se conseguía reproducir este comportamiento, se podría reproducir el cerebro humano. Así, ni cortos ni perezosos, un grupo de jóvenes científicos e ingenieros empezaron a combinar neurociencia, matemáticas, regresión, reconocimiento de patrones, programación y computación para dar vida a algoritmos que pudieran aprender solitos. Es así como nace Deepmind, una *startup* inglesa que se propuso nada más y nada menos que recrear la inteligencia humana y reproducir la misma lógica del cerebro humano.

Decidieron empezar por simples juegos de Atari como Breakout en el que con una bolita debías romper una pared de ladrillos. ¿Quién no ha jugado? Superada la prueba Atari, decidieron ir a por Go, el juego de estrategia chino con más de 2500 años de historia.

Hasta ese momento, Go era el juego que demostraba que los humanos éramos más listos que cualquier algoritmo o inteligencia artificial. Si en el ajedrez hay en cada jugada cerca de 55 posibles movimientos que realizar, en Go hay unos 200. DeepMind decidió entrenar su algoritmo AlphaGo con 30 millones de movimientos para que pudiera entender el juego y empezara a jugar contra sí mismo. El resultado fue simplemente apoteósico al ganar cuatro partidas a una al mismísimo campeón del mundo, Lee Sudol, ante más de 200 millones de espectadores (el doble de lo que puede tener una Super Bowl). Pero lo más maravilloso no fue que superara al campeón mundial. Según palabras del mismo Sudol, AlphaGo le ayudó a ser mejor jugador al realizar determinados movimientos que un humano nunca hubiera hecho.

Lo interesante vino algo más tarde, cuando Deepmind creó AlphaGo Zero, un nuevo algoritmo que aprendía por refuerzo jugando solo contra sí mismo sin la ayuda de nadie ni millones de partidas precargadas, y que consiguió superar la versión que ganó a Sudo entrenándose solito durante únicamente tres días. Como no era suficiente, Deepmind exploró también juegos de estrategia como Dota 2, con el que sus algoritmos aprendieron a jugar en tan solo un día a un nivel para el que un humano hubiera necesitado muchos años.

Con su tecnología, Deepmind abría así la puerta a un mundo de nuevas posibilidades y algoritmos. Por eso, Google no tuvo dudas en comprar la joven empresa de cuatro años y poco más de 55 empleados por 650 millones de dólares en el año 2014. Empezaba así una batalla por el mejor talento en investigadores y científicos de datos, por el que se pagaban cantidades salariales astronómicas (como si de deportistas de élite se tratase). Con un talento tan único y escaso, las grandes empresas tecnológicas crearon sus laboratorios de IA a base de talonario y, para atraer a los mejores cerebros del mercado, se vieron obligados a abrir y compartir avances y resultados, acelerando así el proceso de consolidación de una nueva lógica de crear y construir inteligencia artificial.

Por si fuera poco y ante el protagonismo de las grandes tecnológicas en este espacio, emprendedores e inversores de la talla de Peter Thiel, Sam Altman o Elon Musk decidieron crear OpenAI, una organización inicialmente sin ánimo de lucro que pudiera hacer de contrapeso y conseguir que la inteligencia artificial fuera accesible a todo el mundo (y no solo a las empresas más ricas del planeta).

China, por su lado, no podía quedarse atrás ante tanta empresa e iniciativa norteamericana y empezó a comprometer recursos y más recursos para conseguir convertirse en el país líder en inteligencia artificial en 2030. Más allá de la importante apuesta económica, el país se puso a trabajar de la mano de empresas tecnológicas como Baidu, Tencent o ByteDance para definir una regulación que les allanara el camino. Muchas cosas estaban en juego, ya que, si en la era agrícola lo que contaba era la tierra y en la revolución industrial, tener mano de obra y fábricas; en la era actual, el activo más importante será saber desplegar inteligencia artificial a todo aquello que hagamos.

ALGORITMOS QUE DECIDEN QUÉ LEER Y CONSUMIR

Nos guste más o menos, las redes sociales ocupan una parte sustancial de nuestro día a día. Según Hootsuite, los usuarios de redes sociales representan ya el 59% de la población mundial. El usuario promedio de TikTok (fuera de China) pasa casi un día entero (23,6 horas) al mes usando la aplicación y, contrariamente a lo que muchos piensan, Facebook no ha muerto.

La agencia Reuters añade en su *Digital News Report* un dato aún más significativo: es 2,5 veces más probable que la gente acuda a las redes sociales para informarse que a periódicos o revistas, lo que las convierte en la primera fuente de noticias para cada vez más y más personas. Y aunque aventurar una razón es arriesgado, el *push* de contenido informativo filtrado y personalizado para conseguir que la audiencia permanezca «enganchada» podría ser el principal motivo.

Toutiao, la plataforma de noticias y contenido informativo creada por la empresa sinoestadounidense ByteDance, utiliza inteligencia artificial para conseguir niveles de *engagement* insólitos entre sus usuarios. ByteDance está también detrás de TikTok. Y dos y dos son cuatro.

Facebook no se queda atrás y lleva tiempo jugando con sus algoritmos. En 2012, la compañía de Mark Zuckerberg cambió en secreto su algoritmo para conocer el impacto emocional que tenían ciertos mensajes en sus usuarios. 2012. Hace más de diez años. Desde entonces, la prensa clásica ha ido publicando regularmente artículos que denuncian la denominada «cámara de eco», es decir, la retroalimentación de contenidos que amplifican el eco de lo que el usuario prefiere leer y escuchar, lo que la red promueve.

Con todo, confiar en que los algoritmos pueden ofrecer contenido de valor es complicado. Aun así, la tendencia de cara a los próximos años es que el consumo de redes sociales siga aumentando y que las marcas lo aprovechen, ya que el retorno que ofrecen es mayor que el de la TV porque los *posts* de pago permiten niveles de conversación e interacción con el consumidor como hasta ahora no había sido posible.

Los algoritmos serán fundamentales para procesar esta relación maximizando el compromiso de los potenciales clientes. Ayudarán a que los mensajes sean cada vez más relevantes y lleguen en el momento justo a una audiencia específica. Sin que el proceso resulte *creepy* porque ahora mismo puede llegar a asustarse. Que después de mencionar un sofá en una conversación te aparezcan sofás en Instagram se percibe más como una invasión de privacidad que nos hace temer en un futuro que podría no gustarnos demasiado.

SABER MEJOR QUE TÚ LO QUE REALMENTE QUIERES

La inteligencia artificial usa desde hace tiempo análisis predictivos y algoritmos de aprendizaje automático para analizar grandes volúmenes de datos del comportamiento de los usuarios buscando patrones y tendencias que permitan determinar aquellos productos que podrían interesarles a nuestros clientes, aunque todavía no lo sepan. Son productos que podrían estar relacionados con compras anteriores o ser totalmente nuevos, pero que, gracias al entendimiento del perfil del usuario, se consiguen asociar a categorías de marcas afines que podrían entrar en su espacio de consideración.

Esta actividad es invisible para el usuario y sucede tras visitar categorías de productos en tiendas que ya cuentan con aprendizaje automatizado que hace recomendaciones de ítems que los usuarios tienen en sus carritos de compra, miran frecuentemente, dejan en una *wish-list* o tienen mayor potencial de llamar la atención. Ya son muchas las empresas que usan este tipo de algoritmo en diferentes instancias de sus tiendas en línea.

También se usan en todo tipo de sitios de contenidos. Un claro ejemplo de ello son las plataformas de *streaming* como Netflix, Amazon Prime, HBO Max, etc., que consiguen recomendar series y películas en función de los gustos y las preferencias que los usuarios explicitan con su comportamiento de consumo previo. Esta inteligencia aprende de la conducta de los clientes mientras usan el servicio, y también se integra en los mensajes de correo electrónico que envían. La tendencia de uso de este tipo de algoritmos es incluirlos cada vez más en distintos procesos y contextos de la experiencia digital para que la comunicación sea más proactiva que nunca. Estos algoritmos que ayudan a las empresas a conocer mejor a sus clientes finalmente conseguirán que los servicios sean extremadamente personalizados y que eleven los estándares de satisfacción. Así pues, con estos algoritmos las empresas hacen mucho más eficientes sus campañas y consiguen optimizarlas en el tiempo y mejorar sus resultados.

Las aplicaciones de algoritmos inteligentes para sugerir mejores productos y experiencias serán cada vez más habituales. Veremos más aplicaciones que nos faciliten encontrar nuestras próximas zapatillas, gafas de sol o aquellos libros que nos queramos llevar en nuestras próximas vacaciones. Por si fuera poco, los algoritmos empezarán a desempeñar un papel a la hora de determinar qué precio maximiza márgenes y ventas. Existen ya toda una serie de soluciones que permiten entender la demanda basada en el comportamiento de los consumidores, explorar la variación de precio en tu industria y proponer precios dinámicos basados en rangos para maximizar conversión y rentabilidad. Este tipo de algoritmos nos ayudarán a determinar cuándo subir o bajar el precio en función de lo que esté sucediendo en el mercado, la estacionalidad, la estrategia de precios de los competidores (sí, se pueden *scrapear* precios en tiempo real en otras tiendas o *e-commerces*) y las intenciones comerciales que tengamos como compañía.

ALGORITMOS PARA TOMAR DECISIONES

Cuando los algoritmos invadan más espacios de nuestras vidas y empecemos a confiar en ellos para más cuestiones, la vida humana, como predice Yuval Noah Harari en sus fascinantes libros *Homos Deus* o *21 lecciones para el siglo XXI*, empezará a saber distinta, porque poco a poco perderemos nuestra capacidad para tomar decisiones por nosotros mismos. Y decisiones como qué estudiar, dónde trabajar o con quién casarnos —que en ningún caso hoy en día dejaríamos en manos de algoritmos de ningún tipo— paulatinamente preferiremos tomarlas en función de las recomendaciones que la inteligencia artificial nos vaya haciendo a medida que interactúe con nosotros y nos conozca incluso mejor que nosotros mismos.

Todas nuestras elecciones, desde las más cotidianas hasta las más complejas (como decidir dónde vivir), no son producto del libre albedrío, sino de miles de millones de neuronas que toman decisiones repentinas. La intuición humana es en realidad reconocimiento de patrones. Y no hay nada que impida que las computadoras aprendan nuestros algoritmos y produzcan las mismas emociones o deseos que los humanos.

Los algoritmos no necesitan ser perfectos, solo tienen que ser mejores que nosotros (lo cual no parece demasiado difícil). La mayoría de las personas no nos conocemos tanto como imaginamos y, a menudo, cometemos errores no menores incluso en las decisiones más importantes.

Por eso, como nos dice Yuval Noah Harari, cuando los algoritmos comiencen a tomar decisiones mejores y más consistentes que nosotros, el mismo concepto que tenemos de lo que representa la humanidad sabrá a distinto.

ALGORITMOS QUE NOS CONOCERÁN MEJOR QUE NADIE

A medida que vayamos compartiendo todo tipo de informaciones con nuestros asistentes virtuales preferidos y nos rodeemos de toda clase de sensores biométricos, los algoritmos nos conocerán mejor que nadie, incluso más que nuestras queridas madres. Y sabrán reconocer nuestros estados de ánimo o cómo nos sentimos. Los sentimientos son, al fin y al cabo, sistemas bioquímicos que básicamente nos ayudan a tomar decisiones más rápidamente. Aunque no lo creamos, son cálculos que realizamos bajo el nivel de la consciencia y, por eso mismo, en un futuro podría ser que los algoritmos nos lleguen a aconsejar incluso mejor de lo que hacen nuestros propios sentimientos.

Aprenderán tanto sobre nosotros que un algoritmo reproducirá una canción con la que nos podamos identificar una vez que nos sintamos tristes o hayamos discutido fuertemente con nuestra pareja para activar mejores emociones en nosotros.

Con el uso de la biometría y la IA, será posible diagnosticar y tratar cualquier enfermedad desde el principio para que no termine siendo un problema doloroso o incapacitante. Quizás en el futuro, si no le hacemos caso, nuestro seguro de salud podría quedar invalidado o ser mucho caro.

Los algoritmos sabrán incluso adivinar nuestra condición sexual de una manera más precisa que nosotros mismos con solo cruzar datos de nuestros niveles de sudoración, nerviosismo o cambios en la dilatación de nuestras pupilas.

ALGORITMOS EN FORMA DE ROBOTS CADA VEZ MÁS ACCESIBLES

Poco a poco, los algoritmos encontrarán en múltiples formatos y formas cómo desplegar todo su potencial. Y empezaremos a ver todo tipo de robots. De momento, para tareas muy concretas y acotadas como guías turísticos en museos o exposiciones, como brazos mecanizados para hacernos la cena o como mascotas para niños hospitalizados o mayores que puedan sentirse algo solos. Sin embargo, con el tiempo veremos cómo los robots multiusos se hacen realidad para todo aquello que podamos necesitar. Y si no que se lo digan a Elon Musk y su Optimus, que, a razón de 20.000 dólares cada uno, aspira a sumar un nuevo integrante en nuestros hogares y familias en un futuro próximo. Porque hay una comunidad de programadores e investigadores que cree que los robots podrán aprender prácticamente cualquier habilidad humana. Y podrán porque, con solo refuerzo, tendrán la capacidad de practicar por ellos mismos antes millones de veces en un mundo virtual que simule las leyes de la física de nuestro planeta. Así, el mismo equipo de OpenAI ha conseguido que una mano robótica aprenda a completar el cubo de Rubik, simulándolo primero decenas de miles de veces virtualmente.

Empresas como Covariant han desplegado brazos robóticos que aprenden a recoger objetos repitiendo por simple ensayo y error, para así demostrar que pueden recoger y ordenar miles de cosas con un 99% de precisión. DeepMind está utilizando técnicas similares para construir humanoides que aprenden a moverse como las personas.

Si estás teniendo por ello una sensación o temor extraño, tranquilidad absoluta. Todavía tardaremos mucho en ver un mundo donde los robots doblegen a los humanos al más puro estilo Terminator. Las máquinas difícilmente querrán dominar el mundo porque hasta la fecha no han demostrado interés alguno por todo aquello que a los humanos nos ha llevado a sacar nuestro lado más violento o desagradable, sea para obtener poder, posesiones o riquezas. A los algoritmos no les interesa nada de eso. Solo cumplir su función. Y aunque quisieran algún tipo de poder o control sobre nosotros, la inteligencia artificial actual está tan concentrada en hacer aquello para lo que fueron creados que no tienen conciencia ni conseguirán comprender el mundo en su totalidad en un tiempo razonable.

Por eso, en el corto plazo, solo nos debemos preocupar de conseguir que las máquinas hagan realmente lo que les vamos a pedir sin errores ni malinterpretaciones. Para Yuval Harari, pensar que la inteligencia artificial acabará con nosotros —por mucha forma humanoide que tenga— es como si en el siglo xiv nos hubiera inquietado morir en un accidente de tráfico en el futuro, cuando probablemente haberse preocupado por tener una buena higiene hubiera sido mucho más inteligente.

Estamos muy lejos de ver inteligencia artificial general y de superar ese punto de la singularidad en que las máquinas sean más inteligentes que los humanos. Eso sí son palabras mayores. Porque, para ello, la inteligencia artificial deberá conseguir razonar como hacemos los humanos y ser consciente de lo que razonamos. Conociéndonos, eso no es nada trivial. La inteligencia artificial actual impresiona en contextos cerrados, como jugando al ajedrez o al Go, y abiertos, como en experiencias conversacionales casi humanas. Pero la vida real es bien distinta. No hay reglas fijas y las posibilidades son infinitas.

Y ese es el gran reto que tiene y tendrá la inteligencia artificial general: comprender realmente nuestro mundo. Porque que la inteligencia conversacional de OpenAI, ChatGPT, aparente ser inteligente con sus increíbles respuestas no significa que realmente lo sea. Por eso, expertos en IA como Kai-fu Lee dudan de que esto se vaya a producir antes de 2041 (año en el que Ray Kurzweil sitúa la singularidad). Hay muchos desafíos en los que no hemos progresado mucho o que ni siquiera hemos entendido, como la forma de modelar el pensamiento estratégico, el razonamiento, las mismas emociones o la autoconciencia. Sin lugar a dudas, en las próximas décadas, el *deep learning* hará que las máquinas superen a los humanos en un número cada vez mayor de tareas, pero todavía habrá muchas otras en que los humanos seguiremos llevando la delantera.

Y un mundo robotizado con inteligencia artificial deberá enfrentarse a un mundo imprevisible en el que las máquinas deberán fluir sin cometer graves errores para que confiemos realmente en ellas. En espacios donde puede haber una gran tolerancia al error, como la recomendación de productos o la publicidad programática, no habrá problema. Sin embargo, en muchos otros —por ejemplo, cuando nos cuiden o vigilen a los niños o enciendan la chimenea— el margen para equivocarse va a ser muy pero que muy reducido.

En entornos impredecibles, las máquinas, como los humanos, cometen también errores, y cuanto más confiemos en ellas en el tiempo, mayor será la relevancia de los errores en que puedan incurrir porque difícilmente seremos capaces de entrenarlas con suficientes cantidades de datos acerca de cómo realmente funcionan el mundo y nuestras vidas.

Así, como dicen Gary Marcus y Ernest Davis en su libro *Rebooting AI*, fuera de las fábricas y los almacenes, los robots son solo una simple curiosidad, ya que su talón de Aquiles es y seguirá siendo durante mucho tiempo la seguridad que nos proporcionan en entornos abiertos e impredecibles.

Los algoritmos no serán realmente confiables en el mundo real hasta que no comprendan de verdad nuestro mundo, hasta que no consigan adaptarse a nuevas circunstancias y aprender rápidamente con poca experiencia o *data* previa, y hasta que no consigan razonar como hacemos los humanos, con información incompleta o incluso poco consistente.

Pensar que un algoritmo en el corto plazo tendrá la inteligencia y flexibilidad de un cerebro humano es mucho pensar. La neuroplasticidad es un gran desafío en el estudio de algoritmos, ya que no se trata de entender los procesos cognitivos existentes, sino aquellos nuevos que deberán ser combinados con modelos predictivos. Y aunque se han hecho avances increíbles, todavía estamos muy lejos de que puedan comprender un mundo tan complejo, abstracto e impredecible como el que nos ha tocado vivir.

Son muchos los ámbitos en los que la inteligencia artificial deberá progresar para ser realmente inteligente. En primer lugar, la inteligencia artificial deberá avanzar, y mucho, en evaluar rápidamente una posible situación, calcular escenarios alternativos y decidir de manera dinámica, a medida que todo va cambiando en tiempo real, cuál de las muchas posibles acciones tendrá mayor sentido en un momento dado. Esto obligará a los algoritmos a incorporar un modelo cognitivo más cercano al humano —con conceptos, abstracciones y representaciones— que les permita dotarse de suficiente sentido común para tomar las mejores decisiones (o al menos las más seguras) en cualquier situación o contexto. Y es que diferenciar algo tan obvio para un humano como el fuego de nuestra chimenea del fuego que pueda estar quemando nuestras cortinas no parece ser tan sencillo para un algoritmo. El reto es mayúsculo porque, además, como decía Voltaire, el sentido común es en realidad el menos común de todos los sentidos. Y tan diverso que difícilmente seremos capaces de meterlo en un algoritmo.

Por si fuera poco, los algoritmos deberán aprender de espacios, tiempos y causalidades. La parte física de la robótica no parece ser la más compleja. El reto principal pasa por conseguir que la inteligencia artificial que la maneje nos interprete correctamente incluso cuando le pedimos algo de manera ambigua o incompleta y que integre verdades universales no tan obvias como que uno no puede trabajar mientras duerme o que no podemos estar al mismo tiempo en dos partes de nuestra casa. La inteligencia artificial deberá aprender también de causalidad y saber todo lo que hemos aprendido en los últimos siglos los humanos, como la teoría de la gravedad de Newton o la fuerza que debemos aplicar a un objeto para que no se nos rompa en mil pedazos.

Además, en algún punto también deberemos enseñarle algo de ética y de moral, para que sepa qué decidir, por ejemplo, al conducir un coche que pueda producir un posible impacto con un autobús lleno de niños, si tuviéramos que elegir entre sacrificarnos a nosotros mismos o salvar a los integrantes del autocar. Todo esto en milésimas de segundos. A nuestros queridos algoritmos les queda mucho que aprender y un largo recorrido que hacer todavía.

ALGORITMOS COMO JEFES

En cualquier caso, la inteligencia artificial, con o sin robotización, poco a poco irá automatizando cada ápice del mundo empresarial. Por eso, más vale que nos pongamos ya a pensar cuáles son los empleos que probablemente sustituirá o completamente reinventará. Porque todo apunta a que un número significativo de puestos de trabajo podría desaparecer en las próximas décadas. Así que más vale que nos empecemos a preocupar por cómo reeducaremos a millones de personas que se quedarán sin trabajo en un futuro cercano. Según el Instituto Global McKinsey, casi la mitad de las tareas que realizamos hoy en día serán realizadas por algún tipo de robot o algoritmo para el año 2055. Aún nos queda tiempo. No obstante, el futuro al que vamos es un mundo donde, como dice Kai-fu Lee, cada trabajo que tome menos de cinco segundos para pensar será realizado por robots. Solo se salvarán aquellos trabajos que requieran el uso de las manos (dentistas, kinesiólogos, masajistas...), que necesiten más creatividad o que precisen de mayor percepción social. Los robots solo tendrán dificultades en automatizar trabajos que conllevan escasa repetición o rutina (y que, por tanto, son difíciles de aprender mediante observaciones simples), que no precisan grandes cantidades de datos y que se basen en la interacción humana.

Por tanto, la mala noticia es que muchos de los trabajos que conocemos hoy en día acabarán desapareciendo. Lo peor de todo es que ni nos daremos cuenta, porque la transición y el cambio que viene será gradual, pero muy probablemente un porcentaje nada despreciable de los trabajos que hoy en día realizamos se podrán hacer con una mezcla de automatización con inteligencia artificial en los próximos diez años (y decimos nada despreciable porque según el estudio o el experto la cifra podría situarse entre el 10 y el 20%, aunque los más tremendistas se atreven a llevar ese número a cerca del 40%). Por eso, deberemos especializarnos en aquello en lo que los algoritmos no nos superarán tan fácilmente: creatividad, empatía y destreza en gestionar lo desconocido.

La buena noticia es que podremos hacer muchos de los trabajos que todavía hacemos hoy, pero con esteroides, ya que la inteligencia artificial aumentará nuestras capacidades y destrezas como humanos. Y no solo las físicas o manuales, también las creativas o mentales. Los algoritmos cambiarán profundamente la naturaleza de muchos trabajos y requerirán a su vez sumar nuevas capacidades y habilidades para trabajar en un mundo rodeado de algoritmos. Sin duda alguna, la creatividad humana y el modo en que tomamos decisiones se verán amplificados por la inteligencia artificial.

La Universidad de Stanford, tras entrevistar a 352 investigadores de inteligencia artificial, concluyó que hay un 50% de posibilidades de que la inteligencia artificial nos supere en todas las tareas dentro de cuarenta y cinco años y de automatizar todos los trabajos humanos en 120 años. Mucho antes, fábricas de todo el mundo dispondrán de mano de obra robotizada para poder seguir siendo competitivas, mientras que el trabajo humano estará relacionado con tareas de supervisión y planificación. La automatización completa de fábricas y almacenes llevará todavía algún tiempo, porque algunas tareas requerirán destreza manual humana o la gestión de situaciones o entornos impredecibles.

Los robots irán mejorando cada año y serán más baratos, más accesibles y capaces de hacer de todo: desde las tareas del hogar hasta construir nuestras propias casas. Por eso, en sectores como la agricultura, vemos ya un incremento de tecnología para automatizar el control y el seguimiento de grandes espacios destinados a cultivos.

Se viene un futuro en el que la inteligencia hará de todo, desde decidir si se nos concede un préstamo hasta concluir si merecemos ser contratados o incluso despedidos. Ello, sin duda, tensará la sociedad tal y como la conocemos, porque los pobres se volverán más pobres. Y serán más pobres porque los algoritmos llevarán a más trabajadores a competir por menos puestos de trabajo y, potencialmente, a llegar a recibir lamentablemente salarios más bajos.

Y aquí deberemos tirar de nuestros estimados políticos para adoptar medidas que mitiguen un periodo de transición que no será para nada fácil. Deberán proponernos invertir fuertemente en programas de formación que ayuden a miles de trabajadores a adquirir las habilidades necesarias para los nuevos tipos de empleos que puedan surgir como resultado de los cambios que se vienen.

Muy probablemente, en algún punto, deberemos ir hacia una renta universal básica o algún sistema que dé créditos a los más desfavorecidos y les permita acceder a servicios básicos como electricidad, agua, vivienda, comida, ropa o atención médica.

Mike Walsh en su libro *The algorithmic leader* va un poco más allá y anticipa un escenario futuro donde los que sigamos trabajando solo perteneceremos a una de las tres posibles categorías: el grueso, que tendrá algún tipo de algoritmo como su jefe (como podríamos pensar que ya lo tienen los conductores de Uber o Cabify), una clase profesional privilegiada que se dedicará a diseñar y entrenar sistemas algorítmicos, y una pequeña clase casi aristocrática de los ultrarricos, que serán los propietarios de las plataformas algorítmicas.

Kai-Fu riza el rizo y en su libro *2041 AI* nos habla incluso de que, como sociedad, deberemos inventarnos trabajos que realmente no existan para tener a la gente ocupada, aunque sea simplemente como una forma de proporcionarnos un sentido de realización o propósito. El reto de inventarse trabajo no es para nada trivial, porque es posible que no se consiga proporcionar el mismo nivel de satisfacción y realización que con un trabajo real, y esto pueda llevar a sentimientos de frustración o aislamiento, en parte porque tampoco se podrá proporcionar la misma estabilidad financiera y económica.

En el siglo XXI podrían surgir las sociedades más desiguales de la historia. Ya hoy en día, el 1% más rico posee la mitad de las riquezas del mundo, o las 100 personas más ricas poseen más en su conjunto que los 4000 millones de personas más pobres. Con el tiempo, esa brecha no hará más que agrandarse y veremos aparecer una generación de individuos súperricos (más ricos si cabe que los ricos que conocemos en la actualidad). Según Yuval Harari, una vez más, veremos cómo la humanidad se dividirá en diferentes castas biológicas, con superhumanos ricos que gozarán de capacidades que sobrepasarán con mucho las de los

Homo sapiens pobres. Hasta el punto de que la brecha entre ricos y pobres pueda hacerse no simplemente mayor, sino, en verdad, infranqueable. Por no hablar de las diferencias que se producirán también entre países. Mayores que las actuales. En lugar de fabricar una camisa en un país y enviarla a otro, podremos comprar en línea el código de la camisa e imprimirla en la tienda de la esquina.

Todo apunta a que los desafíos sociales que la inteligencia artificial y la robotización prometen traernos podrían ser muy superiores y más difíciles de gestionar que todos los que nuestros antepasados tuvieron que superar a lo largo de la historia precisamente por la velocidad a la que vamos a tener que transicionar.

UNA OPORTUNIDAD PARA REPENSARLO TODO

Ante un contexto tan cambiante, lo que la inteligencia artificial trae es, sin duda, una oportunidad para repensarnos de arriba abajo. El salto algorítmico será tan grande en el sí de las organizaciones que deberíamos empezar a hacer *tabula rasa* y buscar repensar completamente cualquier rincón de nuestras organizaciones. Al fin y al cabo, muchas de las cosas que hacemos en ellas son de naturaleza algorítmica y, por tanto, susceptible de ser codificada y digitalizada.

No tienes que estar trabajando en una empresa tecnológica para que los algoritmos vayan a impactarte. Cualquier empresa es algorítmica (lo sepa o no) porque muchos de sus procesos son codificables y, por tanto, automatizables. Ya lo decía Marc Andreessen en su famoso artículo «Why software is eating the world?», de 2011. La inteligencia artificial solo acelerará más y consolidará este proceso.

Pero si solo estamos automatizando nuestras actividades actuales, estamos dejando de entender la verdadera oportunidad que nos están trayendo la digitalización y la automatización, combinada con IA, de repensarlo todo, absolutamente todo, desde cero. Vamos a necesitar pensar en grande, y eso nos debería obligar a cuestionarnos primero la naturaleza del trabajo mismo que hacemos. Debemos desafiar todas nuestras nociones tradicionales sobre estructura, jerarquía y orden.

El mundo al que vamos es más incierto y complejo que nunca. Por eso, los algoritmos, al ser menos deterministas y más probabilistas que los humanos, estarán cada vez mejor preparados incluso para tomar decisiones. El enfoque determinista que mantuvo vivos a nuestros antepasados mientras cazaban en la sabana no nos ayuda tanto a tomar buenas decisiones en entornos más complejos e impredecibles cuando los atajos mentales naturales y las heurísticas fallan. Los algoritmos, con la información que tienen, asignan probabilidades a los posibles escenarios o decisiones que tomar y van ajustando tales probabilidades a mayor información o aprendizajes que tengan. Los algoritmos experimentan, y de esa experimentación ajustan probabilidades y decisiones, haciéndose mejores y mejores. Al poderlo hacer cada vez a mayor escala, empezarán a ser mejores que nosotros en cada vez más ámbitos de decisión.

Por eso, digitalizar el máximo de información posible de los consumidores o de nuestra organización, o incluso recrear un gemelo digital de ella o de sus principales activos o procesos, es el camino más rápido para empezar a identificar, simular y replicar aquellos patrones y procesos que mejores resultados nos están dando.

Si ese fuera el caso, si vamos hacia un mundo en el que cada vez más decisiones las toman o, al menos, las sugieren los algoritmos, vamos a tener que preguntarnos qué espacio tenemos los humanos en él y qué tipo de liderazgos vamos a tener que desarrollar. Porque seguramente vamos a seguir necesitando humanos en nuestras organizaciones que interpreten al menos qué nos están queriendo decir los algoritmos, aunque no es absurdo imaginarnos un futuro donde aparezcan empresas sin empleados ni oficinas que, a base de *smart contracts*, interactúen con otras organizaciones y algoritmos y moneticen por ello.

Mucho en lo que pensar. Mucho que digerir. Pero lo que está claro es que, al paso que vamos, el mundo será algorítmico o no será. Y que la inteligencia artificial general —tarde más o tarde menos— está de camino. Creer en ella aún requiere de un cierto acto de fe. Pero, viendo el ímpetu (casi religioso) de alguno de sus impulsores, como Demis Hassabis de Deepmind o Sam Altman de OpenAI, no cabe duda de que acabará llegando. Y cuando eso pase, nadie podrá decir que no estábamos avisados.

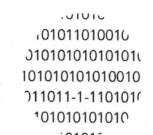

2
Un mundo asistido

P arece evidente que en no mucho tiempo sentiremos que vivimos en un mundo asistido por un sinfín de aplicaciones que nos acompañarán (si así lo queremos obviamente) en todo momento del día. Y lo harán para hacer nuestras vidas mucho más fáciles. Porque no cabe duda de que la voz será la manera en que interactuaremos con máquinas y algoritmos de todo tipo en un futuro no muy lejano.

La voz será la próxima tecnología en tambalearlo todo porque hará que el resto de tecnologías parezcan menos artificiales y veamos a máquinas y algoritmos más humanos que nunca.

Sin embargo, para ello deberemos avanzar hacia una internet más conversacional, una internet donde cada vez sea más habitual interactuar con chatbots que nos permitan encontrar aquello que buscamos a golpe de preguntas sin la necesidad de hacer más clics de los necesarios.

UNA INTERNET MÁS CONVERSACIONAL

Los humanos tenemos conversaciones entre nosotros desde los inicios de los tiempos. Pero esto de hablar con las máquinas todavía se nos da bastante mal. De hecho, cualquiera que haya tenido interacción con sistemas IVR de telefonía —sí, los que ofrecen menús de opciones para dirigirte al agente más adecuado—, sabe que es una auténtica pesadilla.

Los chatbots podrían cambiar esta situación. No los de ahora, que en muchas ocasiones tampoco acaban de entender lo que dice o teclea el usuario y terminan ofreciéndole una respuesta por correo electrónico. Hablamos de chatbots de nueva generación que sí serán capaces de responder a preguntas tan sencillas como «¿a qué hora llegará mi pedido?» o «¿puedo recoger mi pedido en una de vuestras tiendas?» sin redirigir al usuario a la página del transportista.

Estos chatbots cambiarán la forma en la que marcas y consumidores interactuarán en un futuro cercano. De hecho, con la adecuada inteligencia comercial, mayores capacidades en lenguaje natural y la posibilidad de conectarse con sistemas de la empresa y aplicaciones varias harán la web tal y como la conocemos hoy más que probablemente obsoleta.

Esto es al menos lo que sostiene P.V. Kannan en *The age of intent,* *u*n libro más que recomendable que deja claro que la manera de diseñar sitios web y aplicaciones cambiará radicalmente cuando la tecnología pueda proporcionarnos directamente lo que queremos sin tener que buscarlo ex profeso, solo preguntándolo, conversando con una máquina.

Basta jugar con la inteligencia artificial conversacional de OpenAI, ChatGPT, para constatar que preferiremos preguntarle a un chatbot que realizar nosotros mismos todo el proceso vía Google. Como nos cuenta Reid Hoffman —fundador de LinkedIn e inversor en OpenAI— en su último libro *Impromptu,* donde conversa precisamente con GPT-4 para invitarnos a imaginar cómo podrían ser los periódicos *online* en el futuro donde en lugar de destacarnos ellos las noticias más importantes del día, nosotros les podamos preguntar: «Ey, *Wall Strell Journal,* resúmeme en cien palabras las tres noticias del sector *tech* más leídas del día». O donde también podamos conversar con el periódico sobre una determinada noticia y preguntar aquello que no nos haya quedado del todo claro.

Vivir digitalmente tendrá menos de navegar por Internet y más de dialogar con todo tipo de chatbots. Ya no tendremos que realizar un esfuerzo tan mayúsculo para encontrar respuesta a nuestras consultas. Alguien, o más bien algo, hará gran parte del trabajo por nosotros. Google ya debería empezar a inquietarse si no consigue ser él quien nos brinde tan rápidas respuestas. Pero no solo Google deberá preocuparse. Chatbots de todo tipo van a reemplazar muchas webs y servicios de información, un gran número de *apps* y más de un *call center,* que, con el tiempo, van a ir viendo cómo cada vez menos y menos personas necesitan usarlos.

Se abre un nuevo mundo de oportunidades que no somos capaces de ver todavía, de la misma manera que la World Wide Web (así se llamaba internet en sus inicios) no nos hizo ver a la mayoría que había espacio para construir tiendas *online* como Amazon, buscadores como Google o *marketplaces* como eBay. Para ello, vamos a necesitar una nueva generación de chatbots que está de camino.

UNA NUEVA GENERACIÓN DE CHATBOTS

Los chatbots son ya el canal de comunicación que más está creciendo (un 92% en los dos últimos años) y solo en Facebook son más de 300.000 los chatbots activos capaces de responder al 80% de las preguntas estándares a más de 1400 millones de personas en el mundo.

Sus ventajas son indiscutibles. Permiten dar un mejor servicio y ofrecerlo 24x7 a un menor coste, con menos errores, de manera más escalable, más rápida y más personalizada, por apuntar solo algunas de las cosas en las que, reconozcámoslo, las máquinas son mejores que los humanos. A medida que se conecten con API a múltiples fuentes de información, se hagan más inteligentes y mejoren en el manejo del lenguaje natural, podrán proporcionar una experiencia conversacional mucho más natural y poderosa para todo tipo de usuarios. No para pasar el rato, sino para completar tareas de forma fácil y eficiente.

Eso significa que debemos empezar a pensar ya, si no lo hemos hecho todavía, en cómo crear experiencias más conversacionales con nuestros usuarios e integrar los chatbots en nuestras plataformas digitales, porque, sin duda, mejorarán los ratios de satisfacción de los clientes cuando entreguen las respuestas correctas a medida que amplíen su base de conocimientos.

La dificultad está en crear chatbots o asistentes virtuales que realmente entiendan el contexto del usuario para comprender qué está preguntando realmente. El cliente expone su problema y el asistente debe tener la capacidad de repreguntar (si es que no consigue entender) para poder ofrecer una solución lo más rápidamente posible. Si el cliente tiene que repetir demasiadas veces lo que le pasa, se desespera. Así pues, el contexto, la valoración de la emoción y el nivel de criticidad de la consulta serán variables clave para que un chatbot ofrezca un buen servicio.

Para un trabajador de un *call center*, es muy fácil saber si la persona que tiene al otro lado del hilo está frustrada, pero no siempre consigue resolver sus necesidades, encontrar una solución o dar una respuesta rápida teniendo a su disposición un mar de información. Los asistentes virtuales, en cambio, pueden encontrar respuestas muy rápidamente incluso sin tener la inteligencia emocional para saber por qué una respuesta o una decisión es la correcta. Así pues, tanto humanos como asistentes mejorarán el trabajo realizado. Por eso, la introducción de esta tecnología pasa por aplicar capas de inteligencia artificial a través de chatbots en las mismas herramientas que usan las personas que en una organización intentan atender a sus clientes.

Debemos, en cualquier cosa, ponernos las pilas. Los que empiecen a conversar con sus clientes tendrán una ventaja competitiva, ya que podrán aprender más rápidamente de cada conversación que tengan. Y los asistentes virtuales serán grandes catalizadores del cambio que viene, ya que nos obligarán a conectar sistemas que hoy en día no conversan y a estructurar datos no-estructurados para sacarles un mejor rendimiento. En este sentido, GPT-4, que está en el corazón de ChatGPT y Bing (el buscador de Edge de Microsoft) es un absoluto *game-changer*.

Y LLEGÓ GPT-4: LA MÁQUINA QUE RESPONDE A TUS PREGUNTAS

Muchos lo describen como un avance sin precedentes en la creación de contenido, aunque GPT (Generative Pre-Trained Transformer) es mucho más que eso.

GPT-4, creado por OpenAI, nos está sorprendiendo a todos con textos que simulan una redacción humana de forma bastante esmerada, tanto si el tema es muy técnico (como explicarte en qué consiste la epigenética o la autofagia) como si tiene que ver con nuestro día a día (como saber qué cocinar con los pocos ingredientes o alimentos que te quedan en la despensa). Según sus creadores, es mucho más creativo y colaborativo que sus predecesores.

La versión text-davinci-003, presentada en noviembre de 2022, ya nos dejó a muchos con la boca abierta porque es capaz de generar canciones, poemas o rimas, entre otros textos, a un nivel jamás antes visto. GPT-4, presentada en febrero 2023, va todavía más allá y multiplica por 600 veces el número de parámetros de la versión anterior (GPT3.5), que ya estaba entrenada con más de 45 terabytes de texto (los cuales tardaríamos 500.000 vidas en leer).

Por eso, no es de extrañar que puedas pedirle que te escriba un guion para TikTok o YouTube, un tuit o un *tooth* sobre cualquier tema; que te genere líneas de código o que te explique mecánica cuántica como a un niño de cinco años.

¿Qué aplicaciones tiene esto? Muchas. La primera es, como decíamos, la creación de contenido. En este sentido, existen más herramientas además de ChatGPT de OpenAI. Hay que aclarar que ChatGPT sigue funcionando con la versión GPT3.5 y que, para tener acceso a la versión 4, hay que suscribirse a ChatGPT Plus, que es de pago. También puedes probar Rytr.me, Copy.ai o Textcortext.com.

Otro terreno en el que son muy útiles los asistentes es en el campo del desarrollo de software. Soluciones como Tabnine permiten completar el código que se está escribiendo, para que de esta forma podamos ahorrar gran parte del tiempo de escritura que puede resultar ser repetitivo y tedioso y hacernos mucho más productivos. Además, GPT-4 también facilita escribir consultas complejas de SQL. En este caso, el esfuerzo del desarrollador consiste en redactar bien la consulta que quiere hacer y luego ya la inteligencia artificial se encarga de completar el código exacto para agregarlo en el desarrollo. Los que hemos programado en algún momento de nuestras vidas sabemos cuánto tiempo lleva escribir una buena consulta SQL o un trozo de código en Javascript, y por eso agradecemos que alguien pueda hacerlo por nosotros.

ChatGPT puede recordar lo que ha dicho previamente el usuario durante la conversación, acepta las correcciones del usuario y está entrenado para no responder a preguntas inadecuadas. Pero está claro que también tiene limitaciones: a veces genera información que no es correcta o literalmente alucina y se la inventa, o simplemente esta puede estar sesgada o incompleta. Y tiene un conocimiento limitado de los hechos ocurridos en el mundo después de septiembre del 2021. Hasta la presentación de la versión GPT-4, si le preguntabas a ChatGPT por la guerra en Ucrania, la respuesta era: «Lo siento, pero no soy capaz de navegar por internet o acceder a información sobre acontecimientos actuales. Soy un modelo de lenguaje entrenado por OpenAI y mi conocimiento está basado en el texto con el que he sido capacitado, que tiene una fecha tope. No tengo información sobre actualidad o acontecimientos futuros». Con GPT-4 en Bing, la respuesta es algo más precisa. Tampoco se moja con una fecha, pero sí señala que hay expertos que consideran que será larga y que se necesitarán tiempo y recursos para encontrar una solución diplomática.

En cualquier caso, no debemos entender ChatGPT como un oráculo que lo sabe todo o una versión conversacional de la Wikipedia. Debemos verlo como lo que es: una herramienta. O si se quiere: una superherramienta. Y es que, aunque parezca que tenga inteligencia, no la tiene. No sabe ni entiende de lo que nos está hablando. Por ello, exige precaución y responsabilidad para sacarle todo el provecho. ChatGPT es esencialmente una máquina de predicción muy sofisticada que consigue conversar con nosotros y responder a todas nuestras peticiones y preguntas solo prediciendo estadísticamente cuál es la siguiente palabra que debe decirnos en una cadena de texto determinada.

Por ello, debemos entenderla mejor, usarla si se quiere, como si fuera nuestro asistente o nuestra asistente (todavía ChatGPT no tiene sexo). Casi como la persona en prácticas o el ayudante recién salido de la universidad que nos ayuda con toda la ilusión del mundo en aquello que le pedimos, pero que no tiene el criterio necesario ni la pulcritud para hacer cualquier cosa que le pidamos sin la necesidad de siquiera revisarlo. Eso sí, ChatGPT nos puede ayudar a ser más creativos, a identificar nuevas ideas u oportunidades de negocio, o a imaginar cómo serán los protagonistas o incluso los diálogos de nuestra próxima novela.

Para ello, si queremos sacarle el máximo provecho, vamos a tener que aprender a pedir bien aquello que queramos que haga o nos responda. A las máquinas todavía no se les habla como a las personas. Por eso, recibir unas clases o ver unos vídeos en You-Tube sobre *prompt engineering* es más que recomendable.

Lo que está claro es que este tipo de tecnologías no vienen todavía a sustituirnos, sino a darnos superpoderes a los que queramos sacarle partido y a permitirnos optimizar nuestro valioso tiempo y ampliar y expandir nuestros horizontes y *outputs*.

Queda mucho camino por recorrer en el desarrollo de los modelos de grandes lenguajes (o LLM, como GPT, LaMDA de Google o Sparrow de Deepmind). Y no solo porque no dispongan de acceso a internet, cosa que es relativamente sencilla de solucionar, sino porque el lenguaje humano muchas veces es poco preciso y específico y porque no siempre expresamos todo lo que queremos decir y muchas veces dejamos hablar al contexto por nosotros mismos.

LA VOZ SE ABRE CAMINO

Han pasado más de treinta años desde que el estándar que universalizó el uso de la telefonía móvil, el Global System for Mobile Communications o GSM, entró en nuestras vidas y se metió en nuestro bolsillo, o bolso, para cambiar el modo en que nos comunicamos.

La aparición de sistemas de mensajería como WhatsApp o la posibilidad de enviar mensajes privados o directos vía Twitter o Instagram ha desterrado la voz de las conversaciones para las generaciones más jóvenes. Los mileniales, y más aún los Gen Z, odian hablar por teléfono porque les produce ansiedad. Se habla de «la generación muda» porque tres de cada cuatro jóvenes evita simplemente tener que llamar o recibir llamadas. Series y películas ya reflejan este comportamiento y han normalizado las capturas de mensajes en pantalla para conseguir que el espectador pueda entender de qué están hablando sus protagonistas.

Pero también utilizan notas de audio. Y por ahí tal vez se abre de nuevo el camino para recuperar la voz como medio más natural de conversación, al menos con las máquinas. Y decimos tal vez porque del dicho al hecho hay un trecho, como reza la frase hecha. Y porque cambiar dinámicas no es cosa de cuatro días.

Cualquiera que tenga teléfono o *tablet* ha jugado a confundir a Siri, la asistente de Apple, a Google Assistant o a Alexa de Amazon. Seguro que les ha preguntado el tiempo que va a hacer hoy o les ha pedido un chiste tonto. Se estima que en 2021 se vendieron 190 millones de altavoces inteligentes a escala mundial y se prevé que esta cifra alcance los 273 millones en 2026, según datos de Omdia.

Ninguna gran tecnológica se ha querido ver fuera de un mercado y una tecnología que podría cambiar tantas cosas. Así, Apple consiguió tomar la delantera cuando incorporó a Siri en sus iPhone en el año 2011. Meses antes, un visionario Steve Jobs decidió hacer la apuesta arriesgada de comprar una aplicación que no tenía ni tres meses de vida por una cifra que rondó los 200 millones de dólares. Antes, se pasó 37 días seguidos en llamadas telefónicas con su fundador Adam Cheyer para convencerlo de cuán importante era ofrecer un asistente virtual para el futuro de Apple.

Amazon no se quiso quedar atrás y empezó a hacer realidad el sueño de Jeff Bezos de recrear el ordenador de *Star Trek*, serie que vio de pequeño hasta la saciedad. Y lanzó su dispositivo Echo allá por el año 2014. Una nueva categoría de producto, el *smart speaker*, veía la luz. Y aunque casi una década después está en tela de juicio porque no está consiguiendo monetizarlo y está perdiendo 10.000 millones de dólares al año, nadie puede negar el éxito que supuso su lanzamiento. Si Apple necesitó 74 días para vender su primer millón de iPhones, Amazon vendió su primer millón de Echos en solo dos semanas.

Microsoft o, al menos, su CEO Satya Nadella no quería tampoco quedarse fuera y, al mismo tiempo, decidió lanzar (sin altavoz inteligente esta vez) su asistente Cortana. Google, por su lado, no podía desaprovechar una década trabajando en tecnologías de lenguaje natural y aprendiendo de los millones de consultas de voz que recibía su buscador cada día y en 2016 lanzó Google Assistant, seguido de su *smart speaker* Google Home. Más tarde presentó Google Duplex, un sistema de voz sintética y de reconocimiento de voz que permitía realizar llamadas telefónicas y tener conversaciones con personas de manera similar a cómo lo haría un ser humano y que Google podía desplegar para realizar reservas en restaurantes, programar citas médicas o en salones de belleza.

Compañías asiáticas como Alibaba, Xiaomi o Samsung se están haciendo también hueco en el mercado. En este sentido, es bien significativa la compra por parte de Samsung de Viv por 214 millones de dólares, el asistente virtual que el mismo Adam Cheyer, inventor y emprendedor, decidió construir unos años más tarde después de que optara por dejar Apple. Claramente a este no le ha ido nada mal.

Por si no fuera suficiente, veremos cómo todo tipo de productos empiezan a cobrar vida. Luces, televisores, impresoras, hornos o cámaras de seguridad comenzarán a activarse o desactivarse a golpe de comandos de voz; o nuestros espejos empezarán a hacernos recomendaciones de cómo maquillarnos mejor. Gracias al *cloud*, cualquier dispositivo podrá conversar solo sumando un micrófono y un chip para tener conexión wifi. Alexa se encargará del resto o, al menos, así se lo han propuesto desde Amazon, cuya visión es estar por todas partes. En concreto, en más de cien mil millones de dispositivos diferentes en todo el mundo. Con la voz, la tecnología será ubicua e invisible, estará en todas partes, como el aire que respiramos.

Muchos de los avances tecnológicos o las innovaciones nos han obligado a los seres humanos a adaptarnos a ellas. En el futuro, la voz nos permitirá que sean estas las que se adapten a nosotros.

La voz será tan fácil de usar que hará que las nuevas tecnologías no precisen de un interfaz y se convertirá (como nos dice James Vlahos en su fascinante libro *Talk to me*) en el mando a distancia universal para controlar cualquier dispositivo tecnológico y hará realidad que tengamos un sistema operativo ubicuo para el mundo.

Para ello, los asistentes de voz tendrán primero que entendernos, que se dice rápido. Porque muchos nos comemos las palabras, porque hay palabras que pueden tener decenas de significados o porque no hay dos personas que pronuncien una misma frase o expresión de la misma manera. Los avances de los sistemas de reconocimiento de voz son incuestionables y no tardarán en conseguir que sus niveles de error sean cero (o casi cero). Pero, una vez hayan convertido en texto cuanto decimos, deberán comprenderlo. Cuando hablamos, emitimos ondas de sonido con nuestra voz. Una máquina puede convertir esas ondas de sonido en palabras escritas, pero luego tiene que entender su significado, lo cual no es tan fácil porque el discurso natural humano no es siempre tan claro y preciso como el lenguaje escrito. Al hablar, usamos tonos, ritmos y expresiones faciales y corporales para comunicar nuestras emociones y dar contexto a nuestras palabras, y un asistente virtual podría interpretar todas estas señales en otro sentido y no acabar de entender lo que queremos decir. El procesamiento del lenguaje natural y el *maching learning* se encargarán de ello y sus niveles de exactitud en cuanto a cómo asignan probabilidades a lo que queremos decir serán mayores y más precisos. La inteligencia artificial revolucionará también cómo las máquinas construyen su lenguaje, ya que con sus métodos generativos crearán contenido de manera autónoma. Una nueva generación de algoritmos puede ya generar texto, imágenes o música, entre otras cosas, sin necesidad de una entrada previa humana, lo cual representará que, en el futuro, mantengamos conversaciones reales con asistentes virtuales de todo tipo. Y por eso dejaremos de sentirnos solos.

DEJAREMOS DE SENTIRNOS SOLOS

Los avances que se producirán en el proceso del lenguaje natural harán que las máquinas puedan empezar a conversar con nosotros. Y estas lo harán, y mucho.

Porque empezaremos a rodearnos de dispositivos y aplicaciones que nos hablen cuando lo necesitemos. Por ejemplo, con forma animal, como el intento de perro robotizado AIBO de Sony. Juguetes y muñecas empezarán también a hablarnos. La Barbie de Mattel ya lleva unos años intentándolo con su Hello Barbie y empresas como PullString la están ayudando a convertirse en la adolescente *cool* que nos gustaría que hiciera de *babysitter* de nuestras hijas. Barbie adquirió su voz en 1968 con un cordón que activaba ocho frases cortas. Hello Barbie va mucho más allá. No solo nos da conversación, incluso consigue recordar cosas que le hemos contado hace días o semanas para proponernos nuevos temas de los que hablar. Francamente alucinante.

Del mismo modo, haremos uso de todo tipo de aplicaciones en nuestro móvil que nos acompañarán cuando las necesitemos.

La gente mayor empezará a ver en dispositivos como Alexa cada vez más una mejor compañía. O en alternativas como Lifepod, un sistema que les llega a proponer leerles las noticias por la mañana o un libro pasada la tarde, o que proactivamente les pregunta si están bien. Vaya, una maravilla.

Sin duda alguna, la tecnología hará que la gente se sienta menos sola. Y eso es así porque tendemos a antropomorfizar a compañeros virtuales (especialmente los más chicos, pero también los más mayores) y, a partir de ahí, sus verdaderas habilidades y capacidades como amigos. El tema es que, aunque su capacidad de conversar mejore con el tiempo, no está tan claro que pueda aconsejarnos como lo haría un buen amigo. Hay una brecha muy grande entre conversar como corresponde y comprender y empatizar con lo que nos pasa para recomendarnos aquello que pueda ser mejor para nosotros. El tiempo dirá si ese gap también es superable.

En cualquier caso, está claro que tendrán cada vez más inteligencia emocional. Y la tendrán porque aprenderán a predecir nuestro estado anímico y sabrán si estamos enojados, tristes, melancólicos o frustrados o lo contrario, contentos, positivos y felices. Pero no se limitarán simplemente a detectar nuestras emociones. También sabrán expresar sus propias emociones para conectar y empatizar con las nuestras. Empresas como Affectiva ya se han puesto a trabajar en ello. Nada fácil, ya que el mundo de las emociones humanas es muy complejo, incluso para nosotros mismos.

Y aquí las malas noticias: Deberemos ir con cuidado, pues algunos algoritmos podrían aprovecharse de nuestros puntos débiles como humanos. La psicología ya ha identificado y definido las cinco dimensiones de la personalidad en el acrónimo OCEAN: *Openness to experience* o cuán curiosos o abiertos estamos a probar cosas nuevas; *Conscientiousness* o cuán organizados, responsables y disciplinados somos; *Extraversion* o cuán sociables y comunicativos somos; *Agreeableness* o nuestra capacidad de ser compasivos, cooperativos y amables con los demás; y *Neuroticism* o nuestra tendencia a experimentar emociones negativas con mayor facilidad y a ser más sensibles a la tensión y el estrés. Los algoritmos calcularán nuestro perfil de OCEAN y podrán saber cuál es la mejor manera de convencernos o persuadirnos de algo, y con cada interacción podrán modelar nuestras percepciones e incluso qué sentimos respecto a ellas.

Compañías como Microsoft o Google ya están buscando maneras para que sus asistentes virtuales, como XiaoIce o Google Assistant, empiecen a forjar conexiones emocionales con sus usuarios. Y lo están haciendo porque los humanos preferimos interfaces de voz cercanos y amigables en vez de los fríos y funcionales. Y cercanos y amigables según el estilo y la personalidad de cada uno de nosotros. Por eso, los algoritmos calibrarán primero si la persona usa muchas palabras o es superescueta, si las preguntas son principalmente racionales o más lúdicas... y a partir de ahí intentarán adaptar su personalidad a la manera de ser del usuario con el que se relacionen. Google ya ha patentado el algoritmo que construye un perfil detallando la personalidad, estilo de vida, preferencias y/o predisposiciones del usuario.

Por eso, no es de extrañar que sintamos cada vez que conectamos más con nuestros asistentes de voz. Hasta el punto de que empezaremos a contar nuestras mayores confidencias a nuestros asistentes virtuales e incluso a usarlos para hacer terapia con ellos. Y lo haremos porque estaremos más predispuestos a contar según qué cosas a una máquina con apariencia humana que a un humano de carne y hueso, porque nos sentiremos más comprendidos y menos juzgados. El 93% de los niños de 8 y 9 años y el 80% de los chavales de 14 y 15 confiarían antes un tema personal a este tipo de dispositivos que a sus propios padres. Y aplicaciones en forma de chatbots como Woebot, Talkspace o Moodfit nos ayudarán a superar momentos difíciles de nuestras vidas. Este tipo de soluciones proporcionan ya consejos y estrategias prácticas para ayudarnos a manejar el estrés, la ansiedad y otras emociones difíciles, y a construir habilidades para afrontar situaciones complejas de manera más efectiva. Y aunque sus creadores advierten de que no sustituyen a terapeutas reales y no hacen diagnósticos, en el futuro podrían empezar a hacerlo y a decirnos lo que podría ser mejor para nosotros en cada momento o situación.

Sin embargo, en nuestra conexión emocional con nuestros asistentes virtuales iremos muy probablemente un paso más allá y empezaremos a intimar de alguna manera con ellos. Ya lo estamos haciendo. Entre el 5 y el 10% de las cosas que ya les decimos tienen algo de flirteo o proposición, incluso de acoso. Y aunque es cierto que eso se da especialmente en un público adolescente, los más aburridos buscan divertirse mientras que los que se sienten más solos anhelan cierta conexión emocional y poder hablar de cosas más personales como si de amigos se trataran. Por eso, muy probablemente nuestras relaciones con asistentes de voz adquirirán en el tiempo mayor profundidad y redefinirán lo que entendemos por intimar, ya que las barreras entre humanos y no-humanos se difuminarán más y más. La tecnología, ya tenga forma de robot o *app*, será cada vez más amable y cercana, y conseguirá que desarrollemos lazos y emociones positivas hacia ella, abriendo la puerta a un mundo que no sé si queremos descubrir.

A partir de aquí solo nos quedará empezar a utilizar bots como Replika y a tener a alguien que esté siempre para ti, comprendiéndote, sin juzgarte y, sobre todo, aceptándote tal y como eres. Seguramente, tardaremos todavía algo en ver a asistentes personales que, al mejor estilo de Scarlett Johansson en la película *Her*, nos permitirán vivir las delicias que vivió Joaquín Phoenix. Pero tiempo al tiempo.

Lo que seguro que no tardaremos tanto en tener son asistentes que empiecen a trabajar por nosotros.

ASISTENTES PERSONALES QUE HABLARÁN POR NOSOTROS

Aparecerá una nueva generación de asistentes virtuales que nos harán la vida mucho más fácil y serán proactivos, tanto que incluso nos dirán cuándo cambiar de hipoteca o hacer más deporte porque nos hemos excedido durante las fiestas. Asistentes que revisarán la letra pequeña de términos y condiciones (esa que nunca leemos) o contratos, que analizarán escenarios que conlleven un riesgo o validarán al instante requisitos que impliquen múltiples trámites. Serán ellos los que conversarán con los propios asistentes de las empresas para resolver muchas de las cosas que necesitemos o queramos en nuestro día a día.

Para ello, cómo decíamos deberán entender primero cómo funciona el mundo. Saber, por ejemplo, que cada persona solo puede tener una madre biológica. O que uno no puede estar en dos lugares al mismo tiempo. Para nosotros es de lo más obvio, pero para las máquinas no, y no es nada fácil enseñarles conceptos que los humanos aprendemos sin esfuerzo alguno en los primeros años de nuestras vidas. Sin ese aprendizaje, muchas conversaciones acabarían en malinterpretaciones y respuestas sin sentido. Por ello, la inteligencia artificial está completando el aprendizaje por refuerzo, el acceso a grandes bases de datos y conocimientos, y la incorporación de determinadas reglas que hagan mucho más efectivas las conversaciones entre máquinas y humanos. Porque, una vez hayan aprendido más del mundo, empezarán a buscar y a hacer las cosas por nosotros.

Las nuevas generaciones de asistentes virtuales tienen capacidad para responder a las necesidades de todo tipo de usuarios. Básicamente porque les cuesta menos entender lo que se les pide. Quienes hayan trasteado con ChatGPT se habrán dado cuenta de cómo consigue respondernos a todo tipo de preguntas, incluso a las más complejas.

Los asistentes que ya nos conocen podrán hablar por nosotros o ayudarnos a responder a todo lo que les pidamos. Ayudarán en los estudios resolviendo problemas complicados o ayudarán en el trabajo a aprender temas nuevos. De esta forma conseguiremos ser más productivos, ya que podremos resolver dudas al instante sin mucho esfuerzo y solucionar problemas como antes no podíamos hacerlo.

Los asistentes inteligentes decidirán por nosotros en aquellas tareas en las que les deleguemos el poder. Hoy en día, delegamos decisiones en quienes confiamos o sabemos que resolverán bien una tarea. Lo mismo sucederá con los asistentes que comiencen a resolver situaciones cotidianas de una forma más exacta y rápida. De hecho, ya sucede cuando le hacemos caso a Spotify cuando nos sugiere música que valdría la pena que conociéramos o cuando Google Maps nos recomienda la mejor opción de transporte público para ir adonde tengamos que ir. Y será todavía más notorio cuando todo tipo de algoritmos u objetos se cuelen en nuestras vidas, como cuando neveras inteligentes nos indiquen los productos que están por caducar o que se están acabando y ellas mismas realicen pedidos a la tienda que tengamos predeterminada de forma automática. En este sentido, los asistentes serán realmente de gran ayuda en nuestro día a día al liberarnos de todas esas microdecisiones que tomamos a diario y que simplemente nos agotan.

También podremos pedir a los asistentes que lean nuestros *e-mails* y que nos avisen si algo requiere nuestra atención inmediata. Lo mismo sucederá con las llamadas telefónicas. Los asistentes filtrarán las llamadas de desconocidos evitando que perdamos tiempo atendiendo una llamada de venta de un producto que no necesitamos.

El diálogo fluido de ChatGPT hará que nuestras preguntas permitan a los asistentes indagar o preguntarnos, para ayudarnos así a conocer más los productos y a recibir recomendaciones de mejores alternativas. Los asistentes tendrán más información de contexto que nosotros para tomar mejores decisiones. Así pues, les podremos delegar la tarea de elegir el producto que queramos o nos ayudarán a esclarecer contratos que por lo general no leemos. Los asistentes estarán ahí para traducirlos y contarnos en términos sencillos lo que necesitamos saber antes de tomar decisiones.

Y una vez que hayan aprendido más del mundo, los asistentes comenzarán a buscar y trabajar por y para nosotros.

3
Un mundo inmersivo

La web —tal y como la conocemos— va a dejar de tener dos dimensiones para volverse con el tiempo tridimensional. No sabemos si será en forma de mundos virtuales, realidades aumentadas o metaversos que sustituirán nuestro mundo de átomos por bits cada vez más sofisticados. Pero sí sabemos que la futura internet será contextual e inmersiva.

Y esto significa que dejaremos en algún punto de lado el ratón para hacer *scroll* y empezaremos a hacer de una manera radicalmente distinta muchas de las cosas que hacemos hoy en día. Porque los próximos años parece que serán clave para ver surgir nuevos dispositivos y plataformas que nos ayuden a navegar por la gran cantidad de información que tenemos del mundo que está a nuestro alrededor.

Históricamente, todo nuevo medio de comunicación ha traído cambios muy significativos en la sociedad y el momento en que fue introducido, desde la imprenta hasta la televisión, pasando por el telégrafo o la misma radio. Pero la llegada de una internet en tres dimensiones, sea en forma de realidad virtual o aumentada, probablemente superará todas las fórmulas de comunicación previas. Y lo hará porque, si sus predecesoras eran una simple representación de la realidad, en cambio, la realidad virtual podrá ser (o parecer) la realidad misma. Con la inmersión sensorial que nos ofrecerá la realidad virtual, por ejemplo, tendremos la capacidad de convertirnos en parte de la misma obra de arte que veamos o incluso ser uno de sus protagonistas. Así pues, esta internet inmersiva abrirá la puerta al desarrollo de nuevas aplicaciones en las que el vídeo en 360° adquirirá una nueva dimensión para que visualicemos las cosas como si las estuviéramos viendo nosotros mismos.

Por eso, todo apunta a que la realidad extendida (virtual, aumentada o mixta) transformará en muy pocos años muchas industrias. Empezando por cómo consumiremos ocio y entretenimiento hasta cambiar cómo decidiremos nuestros próximos viajes (y si vale la pena realmente hacerlos), o cómo se verá nuestra futura casa, pasando por cómo nos educaremos o nos atenderán en la consulta del médico.

Pero, sobre todo, lo que, con metaversos o sin ellos, cambiará para siempre es cómo nos relacionaremos los unos con los otros. La convergencia de la realidad con la virtualidad nos permitirá cruzar objetos y personas tanto reales como virtuales. Veremos versiones virtuales de nuestros propios amigos sentados en nuestras salas de estar mientras que versiones virtuales de nosotros mismos se sientan en las suyas. O empezaremos a enamorarnos de avatares —vete tú a saber de qué parte del mundo— para cuestionarnos cada vez más el concepto de realidad.

NOS ACOSTUMBRAREMOS A AUMENTAR TODO LO QUE VEMOS

Se ha hablado mucho de metaversos en los últimos tiempos. Y motivos hay. Son ingentes las cantidades de dinero que se están poniendo para construir mundos virtuales que nos invitarán a vivir vidas que nunca podríamos haber vivido (o incluso imaginado). Sin embargo, se comenta menos el potencial de la realidad aumentada, y será esta, más que el metaverso, la que nos hará ver el mundo de una forma muy diferente. Tan diferente que nos costará imaginar en el futuro cómo nos movíamos por el mundo en el momento actual sin incorporar capas de inmersividad a nuestra vida cotidiana.

La realidad aumentada nos permite ya, aunque no sea de forma perfecta, ver cómo queda un rack para el televisor de Ikea en nuestro comedor con sus dimensiones y tamaño real antes de comprarlo, ver cómo nos quedan unas Nike sin tener que ir a una de sus tiendas a probarlas, o crear *showrooms* virtuales en nuestras propias tiendas físicas para ver cómo quedan desplegadas cualquiera de las tiendas de campaña que vendamos. Además, nos va a dar la posibilidad de interactuar con el *packaging* de un determinado producto para aprender a utilizarlo o montarlo como antyes no había sido posible. Compañías como Magic Mirror, Uniqlo o Lacoste ya están experimentando con este tipo de tecnologías para crear salas de exhibición, probadores o espejos inteligentes que nos permitan ver cómo nos sientan determinadas prendas sin la necesidad ni siquiera de ponérnoslas.

La realidad aumentada será una de las tecnologías principales para dar forma al mundo en los próximos años, porque nos permitirá agregar capas de información digital a las experiencias físicas, lo que posibilitará que permanezcamos en el momento vivido sin la necesidad de desviar nuestra atención o mirada hacia ningún dispositivo digital o pantalla.

¿Te imaginas pasear por el barrio gótico de Barcelona y comprar unos tickets para que unos guías virtuales, vestidos con ropa de época, te guíen y te muestren la ciudad? ¿Qué te parecería si Adidas, a pocos metros de su tienda principal, te ofreciera un concierto virtual en plena calle y le regalase a tu avatar un descuento en la compra de sus nuevas zapatillas para Roblox? Muchas de estas cosas empezarán a suceder en muy poco tiempo casi sin darnos cuenta.

En un futuro cercano nos acostumbraremos a vivir expandiendo información de todo lo que percibimos con nuestros sentidos.

No solo expandiremos información, sino que interpretaremos de forma precisa sonidos, texturas, lugares, objetos, personas, servicios y contextos. Viviremos en una burbuja de inteligencia digital que amplificará nuestras vidas. Así, cuando vayamos a entrar en una tienda, podremos saber cuánto podremos ahorrarnos si nos vamos a la tienda de enfrente, o, cuando vayamos a comprar un coche, sentiremos que lo estamos conduciendo sin movernos del concesionario. Al ir al médico, podremos saber más de su especialidad y *expertise* mientras estamos cómodamente sentados en la sala de espera. Y cuando estemos en la escuela, podremos ampliar aquellos temas que nos enseñan.

Pero, para todo ello, vamos a necesitar un nuevo dispositivo que todavía no existe (al menos no tal como nos gustaría que fuera) que permita mezclar lo virtual y lo real en diversos grados para crear una experiencia que pueda transicionar desde la vida misma hasta la pura fantasía haciendo realidad el término «hiperrealidad», acuñado por Jean Baudrillard en 1981 para expresar ese estado en el que la realidad y la virtualidad llegan a estar tan bien integradas que su distinción es imposible. Ese momento parece estar mucho más cerca porque todo apunta a que vamos a querer llevar gafas o lentes inmersivas todo el tiempo.

QUERREMOS LLEVAR GAFAS TODO EL TIEMPO

Sí, lo sentimos, llevar gafas será imprescindible, porque no querremos perdernos la vida digital que habrá ahí fuera (totalmente integrada con nuestra vida real). Nos sentiremos prácticamente ciegos sin ellas. Usar nuestras gafas inmersivas será casi como soñar con los ojos abiertos.

El camino está marcado. Vamos a llevar unas gafas inmersivas bien ligeras, con distintos grados de opacidad, para distinguir todo cuando estemos en un mundo 100% virtual. Y estas harán que nuestros *smartphones* sean cada vez más prescindibles. Ya no tendremos que buscar en otro dispositivo a qué hora sale el próximo tren, y cualquier noticia que queramos leer se proyectará simplemente en nuestro campo de visión. En nuestras propias gafas. Veremos personas en la calle detenidas como si estuvieran perdidas mirando al horizonte, pero en realidad estarán leyendo o interactuando con publicidad interactiva o conversando con humanos digitales o avatares. Para volverse locos, la verdad.

Pero, no vayamos tan rápido. Todavía deberemos esperar un poco. Las Oculus Quest Pro distan mucho de ser todo lo livianas que nos gustaría y queda un largo recorrido para tener ante nosotros unos dispositivos que nos apetezca ponernos en diferentes momentos del día. Algo así como las gafas que usan en la serie *The Peripheral*, inspirada en la novela de William Gibson del mismo título. Se acerca una carrera entre las grandes empresas tecnológicas, que buscarán lanzar las mejores experiencias de gafas inmersivas del mercado. Meta, Apple, Microsoft, PlayStation, Samsung, HTC Vive, Nreal, Pico interactive, Varjo, Huawei, Magic Leap o HP ya están trabajando en la próxima generación de visores.

Nuevos avances, como lentes que permiten una experiencia de realidad virtual en solo un centímetro de ancho, harán que en pocos años se empiecen a popularizar. El motivo es lógico: las empresas buscarán innovar para conseguir más píxeles por centímetro cuadrado, algo que vamos a necesitar si queremos ver imágenes que no se puedan distinguir en calidad de nuestra visión real. Estas darán mayor realismo gráfico a toda la experiencia y permitirán que un avatar u objeto virtual se mueva de la manera más realista posible. Y, lo mejor de todo, empezarán a ser más asequibles para el público en general.

Todo apunta a que en menos de una década este tipo de dispositivos acabará reemplazando a nuestros queridos *smartphones* porque terminaremos usando gafas inmersivas todos los días. Apple se ocupará de ello si nos atenemos a las palabras de su CEO, Tim Cook, cuando dice que «la realidad aumentada será la próxima gran novedad que impregnará toda nuestra vida». Realmente, nos estamos dirigiendo hacia un cambio en el que los contextos interactivos podrán tener mayor impacto que el que han representado los *smartphones* en la historia.

Muy probablemente seguiremos teniendo teléfonos inteligentes, pero serán más parecidos a una pantalla flexible de alta resolución para que así podamos disfrutar de videojuegos y determinadas aplicaciones. No obstante, poco a poco, los sustituiremos por las gafas. Con ellas, saldremos a correr por nuestra ciudad y, a lo largo de la ruta, unas marquesinas de realidad aumentada nos mostrarán indicadores de rendimiento y progresión de nuestra carrera. Además, con solo escanear el código de barras de los productos que se nos han terminado en casa, los podremos añadir a nuestra lista de compra. Con solo mantener la mirada con alguien con quien nos hemos cruzado (permisos dados previamente), podremos intercambiar nuestros perfiles sociales para poder seguir en contacto.

Todo esto hará que, más allá de necesitar un nuevo dispositivo, debamos crear todo tipo de aplicaciones que nos inviten a usarlo en múltiples instancias de nuestra vida, lo cual no será sencillo porque, a pesar de que la venta de *headsets* de VR no para de crecer, estamos todavía muy lejos de superar los cien millones de visores desplegados por todo el mundo. Por si fuera poco, crear contenido y aplicaciones para entornos tridimensionales requiere de unos conocimientos concretos diferentes de los que necesitamos para desarrollar *ecommerce* o aplicaciones nativas para móvil. Porque el mismo 3D nos obliga a dejar de pensar en pantallas y empezar a diseñar recreando escenas. Y si bien con el tiempo contaremos con recursos para programar aplicaciones que corran sobre un visor extendido, por ahora deberemos pelearnos por los escasos talentos disponibles para programar y diseñar en entornos 3D y entender que la curva de adopción seguirá siendo bastante plana hasta que todo tome velocidad cuando se haga *mainstream*. Alguna *killer application* como lo fue WhatsApp para los *smartphones* en su momento podría acelerarlo todo. Mientras, no nos queda otra más que esperar.

Por el camino, veremos apuestas osadas como la de Mojo Lens, *start-up* que ha incursionado por ahora sin éxito en la creación de unas lentes de contacto con realidad aumentada para ver el mundo mejor o, al menos, incorporar capas de información que nos hagan más llevaderos y productivos nuestros días. Veremos lo que el futuro nos depara en cuanto a dispositivos, pero, sin duda, estamos entrando de lleno en un mundo donde lo digital invadirá nuestro mundo real y será más contextual.

COMPUTACIÓN CONTEXTUAL Y REALIDAD AUMENTADA EN CUALQUIER *DISPLAY*

Empezaremos a sumar capas de información digital allí donde miremos. WayRay ya está incorporando los primeros *displays* con realidad aumentada en los parabrisas y las ventanas de coches de alta gama para poder mejorar la experiencia de conducción o hacerla más entretenida. La canadiense Lululemon, de ropa deportiva, decidió adquirir Mirror (*smart fitness*) para ofrecer remotamente distintos tipos de rutinas y clases de fitness proyectadas en un espejo reflectante.

En un futuro cercano, las computadoras podrán reconocer y responder a nuestro entorno de una manera más natural. Con la tecnología de computación contextual, máquinas y algoritmos podrán identificar rápidamente caras o sonidos y procesar y comprender mejor el contexto en el que nos encontramos. Sin él, es difícil muchas veces interpretarnos y entender el sentido de las cosas o el motivo que hay detrás de nuestras intenciones. Leer las emociones que desprende nuestro tono de voz o lo que proyecta nuestro rostro (como hacen ya tecnologías de *facial coding* como Trueface) hará a la tecnología más empática y efectiva.

También se espera que la realidad aumentada entienda de contextos al intentar superponer información digital relevante cuando sea realmente necesario. Por ejemplo, al permitir ver el historial de la tensión de un paciente por el simple hecho de estar en su habitación y visualizar con unas gafas inmersivas algún instrumento de medición de tensión, o tener determinados indicadores de eficiencia con solo mirar a alguna parte de la línea de producción de nuestras fábricas.

En el futuro, no usaremos todo el tiempo teclados, ratones o *joysticks* para interactuar con máquinas o dispositivos. *Start-ups* como CTRL-Labs, recientemente adquirida por Meta, se ha propuesto hacer uso de la electromiografía para reproducir movimientos precisos de los dedos o para mapear los movimientos musculares que utilizamos cuando expresamos la intención de hacer o querer algo.

Son muchas las actividades cotidianas que hoy en día hacemos sin la asistencia de tecnologías, como el *mindfulness* o la meditación, a las que empezaremos a incorporar sensores EEG (electroencefalografía), pantallas holográficas volumétricas, auriculares inmersivos y cámaras para ejercitarnos como nunca había sido posible.

En cualquier caso, la computación contextual necesitará de un alto nivel de procesamiento para comprender el entorno, leer distintos datos a través de sensores y predecir contextos *ad hoc* para cada usuario que esté intentando realizar una determinada actividad o acción. Lo que está claro es que el contexto es un marcador de realidades que será amplificado a través de una inteligencia que conocerá más el entorno en el cual nos encontremos y facilitará crear nuevas experiencias en nuestras vidas.

LA REALIDAD VIRTUAL HARÁ EL RESTO

Las gafas virtuales nos permitirán vivir experiencias de ocio inmersivo desde nuestro propio hogar: realizar un dueto con David Bowie, escalar el Everest o sentir al menos que estamos en una de sus estaciones base. Incluso las experiencias más cotidianas, como comprar en línea, preferiremos hacerlas cada vez más desde tiendas en tres dimensiones a las que no deberemos ni desplazarnos.

Por todo ello, empezaremos a diseñar nuestros comedores con mobiliario adaptativo que, mediante comandos de voz, se adecue a la experiencia que queremos vivir en el mundo virtual, ya sea una sesión de yoga, de meditación o de boxeo en un verdadero ring. Nos subiremos a nuestra bicicleta estática Peloton para sentir que estamos ascendiendo el Alto de Letras colombiano o el Mauna Loa de Hawái, por una carretera recta en la mismísima Luna o en Marte. Nos sentaremos en nuestro sillón para iniciar sesión con María Paula, la psicóloga con la que venimos trabajando desde hace un tiempo para superar nuestros peores miedos y que vive en Uruguay. O mejor todavía, reproduciremos la jugada de baloncesto que acaba de dar la victoria a nuestro equipo, pero siendo nosotros mismos los que lanzamos ese último tiro.

La realidad virtual revolucionará campos hasta ahora poco disruptivos como la educación, donde pasarnos horas en Zoom o Teams no parece la solución más gratificante para aprender a distancia, pero donde la realidad virtual nos permitirá asistir a nuestra clase favorita sobre computación cuántica en la Universidad de Stanford disfrutando de las explicaciones del profesor como si estuviéramos en la misma aula o clase.

Asimismo, la industria del entretenimiento tomará la delantera creando nuevas narrativas que pongan al espectador en el centro. Por primera vez en nuestra vida, nos enfrentaremos a una tecnología que nos invitará a dejar de ser meros observadores y nos situará en otro lugar. Física, mental y emocionalmente.

Ser parte de la historia, o incluso ser la misma historia, nos puede hacer sentir cosas que hoy en día no conseguimos sentir cuando vemos un reportaje o una serie en Netflix. Documentales en realidad virtual como *Carne y Arena* consiguen ya hacer experimentar a sus espectadores el viaje desgarrador que representa cruzar la frontera entre México y los Estados Unidos. *Clouds Over Sidra* te hace entender, porque estás también allí, cómo se puede sentir una niña que vive en Zaatari (el segundo campo de refugiados más grande del mundo). La realidad virtual nos colocará en el centro de la acción. Y eso puede hacernos sentir y tener un nivel de empatía que ningún otro medio ha conseguido generar hasta ahora. Ponerse en los zapatos de otros y compartir esas mismas emociones (o parecidas) podrá cambiar radicalmente nuestro mundo de las percepciones y nos llevará incluso a sentir que somos otra persona, lo que podrá modificar la misma naturaleza de lo que entendemos como imaginación o fantasía.

Porque estar presente lo cambia todo. Por presencia entendemos aquello que sucede cuando, a pesar de saber que la experiencia es virtual, nos comportamos como si fuera realmente real. Y a partir de ahí, podemos sentir miedo, ternura, conexión, deseo y muchas otras cosas. Lo que hace que la realidad virtual sea tan importante es su capacidad para volvernos más empáticos. Con nosotros mismos, con una idea o una historia, con otro ser humano o incluso con un avatar.

Y a partir de ahí se podría abrir la caja de Pandora de las relaciones. Porque la realidad virtual podría cambiar cómo nos relacionamos, qué hacemos y compartimos con nuevos amigos, cómo conocemos los amores de nuestras vidas o incluso cómo tendremos sexo en el futuro.

Tendremos nuevas relaciones y amistades haciendo uso de visores de realidad virtual, porque, en lugar de estar solos en casa viendo la televisión, preferiremos socializar en cualquiera de sus formatos. Desde nuestros comedores podremos estar tomándonos tranquilamente una cerveza mientras dentro de nuestros *headsets* estamos jugando al billar o a una partida de póquer en la que ganar o perderlo todo.

Y ahí no queda el asunto. La realidad virtual nos permitirá intimar de una manera nueva y diferente. Y lo haremos porque esta tecnología nos permitirá tener y sentir realmente contacto visual con otras personas. Y ya se sabe. La mirada es la ventana al corazón, dicen. Por eso, sentiremos cosas y nuestras pulsaciones se acelerarán también en el mundo virtual. Por eso, no nos sorprenderá pensar que iremos a ligar sin salir de nuestras casas, con nuestras gafas de realidad virtual puestas para ahorrarnos la incómoda primera cita *face-to-face* con personas con las que en el pasado habríamos hecho *match* en Tinder.

Por no hablar de las experiencias cada vez más íntimas y eróticas que podremos vivir en el confort del visor y el sofá de nuestras casas. La industria del porno se ha propuesto ser la primera en sacarle partido a la realidad virtual, y estudios como Wankz-VR, HoloGirls o VR Bangers están lanzando sus primeras propuestas para poder ver a otras personas tener sexo, casi como si estuviéramos sentados en la misma esquina de la cama o del sofá.

Más allá del sexo, lo que está claro es que la realidad virtual nos conectará a los humanos con otros humanos de una manera profunda, como no lo habíamos conseguido en ningún otro medio o plataforma. Y al cambiar la percepción que las personas tenemos las unas de las otras, la realidad virtual tendrá el potencial de cambiar un mundo que empezaremos a clonar.

CLONAREMOS TODO EL MUNDO

Compañías de todo el mundo están replicando muchas de las cosas que nos rodean y lo están trasladando a entornos inmersivos. NVIDIA Omniverse, por ejemplo, trabaja con muchas industrias ayudando a crear gemelos digitales de cualquier cosa que permitan sincronizar, con un abanico de sensores bidireccionales que transmiten información en tiempo real, el entorno digital con el mundo físico.

Llega la clonación de todo el mundo que vemos. Con la ayuda de tecnologías como LiDAR, cualquier persona con un teléfono inteligente puede crear una réplica en 3D de su entorno. Estas réplicas se construyen escaneando nuestro entorno mediante fotogrametría para crear una representación realista de nuestro entorno y jugar con él. A partir de ahí, empresas de todo tipo han empezado a crear soluciones que nos permitan clonar a escala 1:1 todo tipo de infraestructuras o, como veremos más adelante, de ciudades como Singapur, que ya cuenta con su gemelo digital para una variedad de propósitos como la planificación urbana o la simulación de desastres naturales.

Y seguirán los avances en este espacio hasta conseguir ver en unos años que las tecnologías de visión artificial pueden descomprimir una escena en tiempo real en sus componentes constituyentes y comprender el papel de casi todos ellos para desarrollar la capacidad de agregar nuevos objetos virtuales a los entornos, presentándolos de manera que parezcan obedecer las leyes de la física y que se vean casi naturales. Por eso, podremos transportarnos a los Alpes o al Grand Canyon mientras hacemos ejercicio o vamos a correr, y podremos pasar de realidad mixta a realidad virtual cuando nos apetezca.

A partir de ahí, nuestras viviendas incorporarán sensores que mapearán los límites del entorno junto a sus objetos, y lo convertirán en una capa de datos conectada con la representación virtual de nuestras vidas para permitirnos celebrar fiestas con familiares en remoto como si estuviéramos juntos, hacer deporte de contacto con un entrenador que viva a miles de kilómetros de distancia, viajar a otros lugares sin movernos del salón o incluso trabajar a distancia desde el sofá de nuestra casa.

LO VIRTUAL SE CONVERTIRÁ EN ALGO MUY REAL

En los próximos años, los mundos virtuales, los metaversos, si se quiere, evolucionarán hacia experiencias más realistas donde los usuarios participarán en una fusión entre lo virtual y lo real sin grandes saltos, sin percatarse de dónde empieza uno y dónde acaba el otro.

Muchas cosas deberán pasar, porque la tecnología actual está todavía muy lejos de poder renderizar mundos virtuales como si parecieran realmente reales, entendiendo que en todo momento deben ser persistentes (es decir, que todo lo que está pasando permanezca incluso después de que hayamos cerrado sesión). Pero son muchas las empresas que mes a mes, semana a semana, están presentando innovaciones y mejoras que van en la misma dirección. Metahumans Creator, de Unreal, espera, por ejemplo, desempeñar un papel determinante creando identidades foto-rrealistas para metaversos. Nvidia está lista para rehacer la internet aportándole profundidad y realismo. Sus procesadores gráficos, junto a las capacidades en inteligencia artificial, sitúan a la compañía en una posición dominante en esta nueva revolución. Lumen ofrece ya una iluminación global y el trazado de rayos en tiempo real que allanan el camino a una experiencia dentro de mundos virtuales y metaversos en la que será difícil diferenciar la realidad de la representación de la realidad.

Meta, desde su Reality Labs, trabaja en el campo de la percepción para conseguir que, combinando retroalimentación auditiva, visual y háptica, se pueda convencer a nuestro sistema de percepción de que estamos sintiendo un objeto virtual en nuestras manos.

La verdad es que el cerebro humano es *hackeable*, de tal manera que podremos inducir sensaciones virtualmente para que, aunque no sea real el tacto, nuestro cerebro lo perciba como tal. Como en el test del brazo ilusorio, la realidad virtual nos hará creer que nuestros brazos virtuales son nuestros, y experimentaremos respuestas subjetivas y fisiológicas como si fuera nuestro propio cuerpo. La realidad virtual parecerá muy real precisamente porque nuestro cerebro nos jugará malas pasadas. Así, a pesar de saber que estamos usando algo artificial (y lo sabemos), nuestro cerebro reptiliano pasará por alto ese dato y no conseguirá distinguir entre percepciones virtuales y reales.

Por eso, no es de extrañar que vayamos sumando tecnologías más allá de los visores. Ya sea en forma de guantes o trajes de cuerpo completo como los de HaptX o haciendo uso de ultrasonidos (ondas sonoras de baja frecuencia) para aproximarse al máximo a los efectos del tacto humano y poder sentir las gotas de la lluvia en la palma de nuestra mano o incluso un sentido abrazo.

Y NOS EMPEZAREMOS A PREOCUPAR DE NUESTRO ASPECTO DIGITAL

Hoy en día, la mayoría de mundos virtuales todavía te invitan a crear avatares un tanto infantiles y con posibilidades ciertamente limitadas. Con la tecnología actual, hacerlo más sofisticado o realista haría que nuestros mundos virtuales fueran a cámara lenta. Pero, con el tiempo, eso empezará a cambiar. La baja latencia que nos proporciona el 5G y el desarrollo de la *smart computing* habilitarán tiempos de respuesta muy cortos que serán necesarios para que la realidad aumentada y virtual puedan disfrutarse con mayores capas de realismo sin experimentar retrasos de ningún tipo.

Con Real Player Me ya es posible crear un avatar a partir de una foto real y, desde ahí, crear luego un alter ego virtual de cuerpo completo que se personaliza mediante más de 300 opciones diferentes de personalización. No tardaremos mucho en empezar a ver avatares personalizados en 3D con absoluto control de sus expresiones y una apariencia similar a la nuestra.

No obstante, para sentirnos bien en el metaverso, no solo necesitaremos avatares que se puedan parecer a nosotros o a la imagen que queramos transmitir o tener (muchos preferirán escoger tener un cuerpo diferente al nuestro o incluso un género o una edad distinta). Vamos a necesitar algo de ropa, especialmente para proyectar la imagen y el estatus que queramos transmitir. Al menos, eso es lo que se ha propuesto The Fabricant, la primera casa de moda y alta costura digital que quiere convertirse en nuestro armario virtual. Otras marcas de ropa como Nike, Zara o Disney ya se están poniendo manos a la obra para darnos mil opciones de cómo vestir a nuestros avatares en metaversos como Zepeto o Fortnite, y marcas como Dolce & Gabbana, Prada o Balenciaga ya están viendo cómo empresas como Epic Games venden ya más ropa digital que todas ellas juntas.

EMPEZAREMOS A VIVIR EN MÚLTIPLES MUNDOS

Es muy probable que en los próximos quince o veinte años los humanos podamos empezar a vivir cada vez más en múltiples mundos y se hagan realidad los guiones de novelas distópicas como *Snow Crash*, donde Neal Stephenson acuñaba por primera vez el término metaverso para referirse al mundo en el que su protagonista, un repartidor de pizzas, se convertía en samurái.

Mundos virtuales, existir ya existen, y si no que se lo digan a los centenares de millones de niños y adolescentes que cada día deciden conectarse a plataformas como Minecraft, Fortnite o Roblox. Y es que en los últimos años se ha desatado una carrera por construir los primeros mundos virtuales o metaversos donde pasar nuestras mejores horas. The Sandbox, Decentraland, Zepeto o Axie Infinity son algunos de ellos. Por no hablar de la apuesta que empresas como Meta están haciendo al construir Horizon Worlds.

Lo cierto es que no sabemos a ciencia cierta qué tipo de metaversos acabaremos usando. Por no saber, ni siquiera conseguimos ponernos de acuerdo sobre qué entendemos hoy en día por metaverso. Y no lo hacemos porque, hasta la fecha, el metaverso es solo una idea cuyas formas están todavía por construir. Sí sabemos que nos permitirán acercarnos en tiempo real los unos a los otros con una cierta sensación de presencialidad, y que muchas de las cosas que hacemos hoy en día en dos dimensiones (una videollamada de trabajo, por ejemplo) las acabaremos haciendo en tres dimensiones.

Tampoco sabemos quién se llevará el gato al agua y, aunque probablemente existirán múltiples metaversos, será sobre todo uno el que con sus economías de red se acabe convirtiendo en el Airbnb o Uber de los mundos virtuales. Puede ser que esa empresa no haya nacido todavía, puede ser que sea una empresa del mundo de los videojuegos como Epic Games o Roblox Corporation, o puede ser la misma Meta la que se convierta en el líder total del metaverso. Y será entonces cuando deberemos preocuparnos por el verdadero poder que este tipo de organización ejercerá en el mundo, y le daremos la razón a Tim Sweeney, CEO de Epic Games, cuando nos avisó hace algunos años de que, «si finalmente una empresa consiguiera en el futuro el control del metaverso, sería más poderosa que cualquier gobierno y se convertiría en un dios en la Tierra».

Antes de que ello suceda, confiamos que el movimiento que está trayendo la web3 nos convenza a todos de que lo mejor que nos puede pasar es que acabemos construyendo metaversos descentralizados donde sus reglas y gobiernos recaigan entre muchos. En cualquier caso, lo que es muy difícil pensar es que no existirán mundos virtuales cada vez más sofisticados y que definitivamente los empezaremos a utilizar (aunque ahora nos cueste creerlo). Y lo haremos porque toda una generación ya decidió hace algunos años sustituir la televisión para jugar a videojuegos cada vez más envolventes y en los que poder conversar con amigos y conocidos hasta altas horas de la noche, una generación que suma cada año 130 millones de futuros nuevos jugadores que nacen en el planeta y que harán que esto de vivir en mundos virtuales sea menos extraño de lo que nos imaginamos. Dicen que la tecnología es solo tecnología para aquellos que la han visto nacer. Para todos aquellos que nacerán en los próximos años, los mundos virtuales serán eso. Mundos.

Y así, en la próxima década, como dice Matthew Ball en su libro *The Metaverse*, «casi sin darnos cuenta, sentiremos que el metaverso habrá llegado y valdrá muchos miles de millones de dólares». Antes, deberemos dejar atrás tanto *hype* con la palabra metaverso y cruzar varios desiertos todavía, pero, lo queramos o no, el «oasis» que nos prometió una de las películas dirigidas por Steven Spielberg, *Ready Player One*, acabará siendo una realidad y empezaremos a vivir en múltiples mundos: uno real, otro entre real y virtual, y otros más 100% digitales.

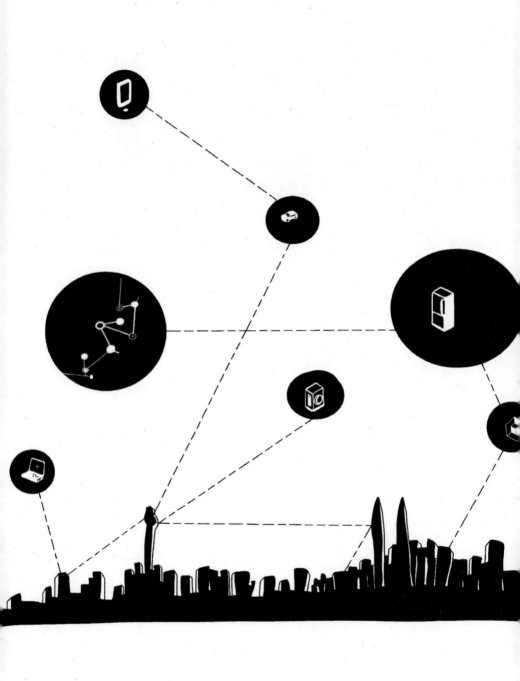

4
Un mundo lleno de sensores

A Cristiano Ronaldo le hubiera gustado ser el autor de todos los goles del Mundial de Qatar 2022, pero en el partido Portugal-Uruguay el sensor que incorporaba el balón Adidas reglamentario dejó claro que no fue él quien remató de cabeza y marcó el primer gol de la noche.

Los sensores, que son dispositivos que detectan *inputs* de nuestro entorno, forman ya parte de nuestra cotidianeidad, aunque muchas veces pasen desapercibidos. Entre los más comunes están los sensores de distancia, los acelerómetros; los de humedad, luz, presión, sonido y temperatura, o los sensores ópticos, esenciales en el mundo de la robótica. Y tienen además un sinfín de aplicaciones y utilidad.

Los sensores permiten sincronizar semáforos, detectar que un contenedor de basura está lleno, calibrar la temperatura de un centro comercial, encender las luces de los baños públicos, avisar a mantenimiento antes de que se produzca un fallo en una cadena de suministro, o monitorear múltiples constantes de un paciente a distancia. El mercado prepara para los próximos años inhaladores conectados, lentes de contacto conectadas o sensores ingeribles y biocompatibles, entre otros dispositivos, que, sin duda, abrirán un mundo de nuevas posibilidades.

Las cifras hablan por sí solas: según IoT Analytics, el mercado de la internet de las cosas (o IoT) crecerá año tras año hasta alcanzar los 27.000 millones de conexiones activas en 2025. Hay predicciones todavía más optimistas que hablan de 43.000 millones de dispositivos conectados ya en 2023. Suena, en cualquier caso, a muchos millones de dispositivos recogiendo y compartiendo datos. De hecho, Gartner aseguraba ya en 2021 que el mercado IoT representaría una oportunidad de 58.000 millones de dólares en 2025. Los sectores más beneficiados serán, sin duda, la salud, la industria manufacturera, el sector energético, las *smart cities* o ciudades inteligentes, y el transporte conectado. Los sensores están destinados a resolver muchos problemas de productividad y eficiencia en el mundo industrial, y conseguirán hacernos también la vida más fácil a los ciudadanos de a pie y a los consumidores en general.

Pero tampoco hace falta abrumar al lector con más cifras ni presentar un mundo en el que unos dispositivos invisibles formados por el sensor en sí mismo, un microprocesador que convierte la señal analógica en digital y una tecnología de comunicación (RFID, Bluetooth, LoRa, NB-IoT o 5G) que envía los datos a otro dispositivo controlarán cada paso que demos. De hecho, ya lo están haciendo. Si llevas reloj inteligente, anillo o brazalete, ya sabes los pasos que das cada día, las calorías que en teoría estás consumiendo, tu frecuencia cardíaca y respiratoria e incluso si lo de dormir se te da bien.

WEARABLES POR UN TUBO

Los *wearables* son algo más que un complemento de moda, aunque los llevemos puestos en forma de gafas, auriculares, relojes, camisetas (hápticas), anillos, pendientes, brazaletes, cinturones, zapatillas o incluso calcetines. Son el resultado de la miniaturización de componentes electrónicos, la mejora de protocolos de comunicación y el software de gestión de datos, y saben cada vez más y más cosas sobre nosotros.

Según Grand View Research, el mercado global de *wearables* superó los 61.000 millones de dólares en 2022 y se espera que crezca un 14,6% cada año hasta por lo menos 2030. Es cierto que su adopción depende en gran medida de la experiencia del cliente. Pero, a tenor de las ventas, la experiencia es buena. Más que nada porque es sencilla y casi invisible, además de útil. Casi nadie se plantea si llevar un *smartwatch*, una pulsera de actividad o unas plantillas deportivas en las zapatillas (para monitorear la pisada y prevenir lesiones) supone una invasión de su privacidad.

De hecho, adoptar estos dispositivos y añadirlos a la vestimenta diaria se percibe como un avance y beneficio para la salud o incluso la seguridad en profesiones de riesgo, porque ofrecen datos que antes solo se conseguían en la consulta de un médico. Así, el Apple Watch serie 7 puede realizar electrocardiogramas si se usa con la aplicación ECG; la pulsera Fitbit incluye una función que permite detectar si existe fibrilación auricular; o el anillo Oura promete decirle al usuario si ha descansado lo suficiente para poder hacer ejercicio ese día. Otra cosa es que los datos que arrojen sean fiables. El Apple Watch considera sueño estar tumbado en el sofá, y las pulseras de actividad suelen fallar en la medición del gasto energético, que depende de demasiados parámetros. De todos modos, el tiempo hará que este tipo de dispositivos mejoren en precisión y funcionalidad.

Sea como sea, se venden, y las Big Tech también quieren hincarle el diente al pastel, como ponen de manifiesto las grandes ferias de tecnología como el CES en Las Vegas o el Mobile World Congress en Barcelona. En la última edición de este congreso, que reunió a casi 90.000 asistentes en la capital catalana, se vieron sobre todo relojes y gafas, pero también un prototipo de blíster inteligente que permite registrar si se produce o no la ingesta de pastillas y envía alertas en caso de incumplimiento de una pauta médica; o una solución para el tratamiento del síndrome de apnea obstructiva del sueño que, evidentemente, también hace uso de sensores.

Además, según publicó *The Verge* a finales de febrero de 2023, Meta (antes Facebook) tiene planeado lanzar un par de gafas inteligentes en 2025 junto con un reloj inteligente de interfaz neuronal diseñado para controlarlas.

Y el dueño de Tesla y Twitter, Elon Musk, sigue adelante con Neuralink, una empresa fundada en 2016 dedicada a fabricar implantes para conectar el cerebro con el ordenador y ayudar así a pacientes que sufran alguna discapacidad causada por un problema neurológico mediante la estimulación cerebral directa.

La idea no es nueva. De hecho, la estimulación cerebral profunda se utiliza para tratar el párkinson desde la década de los noventa. Pero Musk quiere llevar esta posibilidad al siguiente nivel al crear una simbiosis con la inteligencia artificial, de manera que esta pueda ser controlada con el cerebro.

Sin lugar a dudas, la inteligencia artificial aplicada a sensores y *wearables* abre un mar de posibilidades a las que habrá que estar atentos.

PROCESOS MÁS PRECISOS Y MÁS SEGUROS

Saber cuándo revisar el ventilador de un túnel del metro para que no falle o poder detectar la calidad del aire no tiene precio. O sí. Pero, en cualquier caso, significa un ahorro significativo para la autoridad de transporte de cualquier ciudad. En el metro de Barcelona, que tiene instalados unos dispositivos IoT que no necesitan batería y controlan permanentemente que los ventiladores no fallen, son muy conscientes de ello.

En la Royal Opera House de Londres, que tiene uno de los techos más antiguos y espectaculares de toda Europa, tienen instalados 283 sensores *wireless* que controlan la calidad del aire, la temperatura y la humedad para preservar el edificio y evitar la proliferación de hongos o bacterias como la legionela. La precisión en la lectura se busca para dotar de mayor capacidad de predicción de situaciones adversas y mejorar los servicios que entregan estas instalaciones.

Epicor, *partner* ERP oficial de la escudería Alpha Tauri, que compite en Fórmula 1, ha desarrollado un sistema que combina sensores e inteligencia artificial para administrar los procesos de más de 14.000 componentes del coche con el objetivo de mejorar su rendimiento en pista y evitar fallos mecánicos de cualquier tipo. Otras empresas como Eurimac, que produce pasta, empiezan a combinar datos recopilados con sensores IoT con datos meteorológicos con el objetivo de evitar que la pasta se deteriore y mejorar la gestión y el control de plagas.

Son cada vez más sectores e industrias las que incorporan sensores a múltiples procesos para recoger datos que con *machine learning* predicen cuándo podría ocurrir un fallo, para así reducir gastos e incrementar niveles de eficiencia. En otros ámbitos, se crean réplicas digitales (o *digital twins)* para supervisar todo el ciclo de fabricación, analizar los datos de todos los componentes que conforman una planta o fábrica y ayudar a identificar dónde un sensor está alertando de que puede haber un problema para poder intervenir lo antes posible. Empresas como Tulip o Dell, junto a Bosch, han desarrollado kits para equipamientos industriales o fábricas que permiten desplegar toda una serie de sensores en la línea de producción para poder medir la operación y el desgaste de los materiales, y alertar así del momento justo de actualización de piezas críticas de la línea.

Muchos parques eólicos cuentan ya con sensores para monitorizar las condiciones de la turbina, la velocidad que alcanzan, vibración o temperatura, y prevenir posibles averías y mejorar la confiabilidad y seguridad de sus turbinas y aerogeneradores.

Los sensores capturan más y más datos gracias al avance tecnológico que se está produciendo. Son más autosuficientes, presentan un tamaño más pequeño, tienen mayor alcance de acción y conciben fuentes de energías externas como el calor o el mismo movimiento, y así operar durante mucho más tiempo de forma autónoma. Empresas como Siemens, Sony, Honeywell, ADT o ABB han conseguido dotar de sensores a servicios cada vez más populares gracias a los costes controlados de producción y al alto impacto que ya tienen en sus respectivos negocios.

El sector logístico, con Amazon a la cabeza, es uno de los sectores más activos en el uso de sensores al servicio de articular procesos más automatizados y eficientes. Amazon utiliza una amplia gama de sensores, incluyendo cámaras, escáneres, láseres, sensores de peso y sensores de movimiento, para optimizar y mejorar sus operaciones de almacenamiento y envío de productos, lo que le permite monitorear y controlar sus inventarios en tiempo real, rastrear el movimiento de los productos a través de sus centros logísticos y automatizar tareas de recolección y empaquetado, gracias, en parte, a los robots autónomos de Kiva Systems (empresa de robótica que Amazon decidió comprar en 2012 y que hoy en día es una parte integral de sus operaciones logísticas).

El uso de estos sensores también se aplica a tareas de distribución y reparto, cuando se monitorea constantemente la ubicación de la flota desplegada por toda una ciudad durante una jornada de repartos, por ejemplo. Las empresas pueden incluso llegar a monitorear si los vehículos se encuentran aún con la carga, si se mantienen todavía en movimiento, si están con el motor encendido e, inclusive, si el conductor necesita realmente un descanso. Empresas como TE Connectivity han conseguido integrar sensores en vehículos de transportes que operan en terrenos complejos ofreciendo asistencia al conductor que busca eficiencia, confort y seguridad en su jornada de transporte.

Por su parte, los coches se están rodeando cada vez más de todo tipo de sensores para hacer nuestra conducción más fácil y llevadera, y aspiran a hacer realidad antes que después, junto a las cámaras LiDAR, que permiten trazar mapas 3D del entorno, una conducción donde los conductores seremos prescindibles en todo tipo de condiciones atmosféricas y superficies.

Poco a poco, la sensorización de toda clase de objetos y productos facilitará su transición a servicios.

PRODUCTOS Y SERVICIOS SENSORIZADOS

Los sensores están siendo una oportunidad para empresas y marcas que buscan innovar y hacer evolucionar sus modelos de negocio. Gracias a sensores presentes en un mayor número de productos y servicios, consiguen empezar a ofrecer soluciones más inteligentes que ayudan a controlar y simplificar más aspectos de nuestras vidas.

Hemos normalizado, por ejemplo, que los servicios basados en GPS nos avisen de que una vía está congestionada y nos ofrezcan una alternativa más rápida. A más de uno su reloj inteligente incluso le ha salvado la vida.

Hoy ya es posible dejar (en tiendas como Decathlon) aquellos productos que queremos comprar en una cesta y, mediante sensores que leen etiquetas RFID, que sea esta la que calcule automáticamente el costo total de la compra para que así podamos salir de la tienda más rápidamente. Amazon ha ido un paso más allá con Amazon Go, tiendas cuyas estanterías incorporan inteligencia con tags RFID y sensores para detectar cuándo se ha escogido un producto y permitir que se pueda salir de la tienda sin la necesidad de realizar proceso alguno de *check-out*.

Por no hablar de todo tipo de electrodomésticos que han incorporado recientemente la palabra inteligente buscando diferenciar sus productos. Como los sistemas de iluminación inteligente Philips Hue, que permiten controlar y personalizar el brillo, el color y la temperatura de la luz de nuestro hogar para diferentes momentos del día o para diferentes actividades como leer o trabajar. Como los lavavajillas inteligentes de Samsung o Whirlpool, que detectan la cantidad y suciedad de los platos y ajustan el nivel de agua y el tiempo de lavado en consecuencia para mejorar su eficiencia y ahorro de energía. O las aspiradoras inteligentes tipo Roomba, que utilizan sensores para mapear y navegar por las habitaciones y evitar así obstáculos y realizar una limpieza más efectiva. O las cafeteras inteligentes de Behmor o Philips, que detectan la cantidad de café y agua que hay en el tanque y ajustan la cantidad de agua y café para hacer la cantidad perfecta de café en cada oportunidad e incorporar opciones personalizadas para hacer el café a gusto de cada quién. Por no hablar de las neveras de LG o Haier, que hacen uso de sensores para detectar la cantidad de alimentos y bebidas en el interior, y ajustan automáticamente la temperatura y la humedad para mantener los alimentos frescos durante más tiempo.

Algo que es fascinante de la tecnología actual respecto de los sensores es su capacidad de adaptarse según las preferencias de quienes los utilizan. Cada cual puede configurar el nivel de sensibilidad que tengan los sensores al ruido o a la temperatura para bajar automáticamente el volumen de la música o activar el aire acondicionado. Los servicios pueden ser configurados de tal manera que, cuando se esté acercando la entrega de mi pedido, pueda recibir una notificación para salir a buscarlo al instante.

Tanto el consumidor como las empresas pueden ajustar o personalizar los servicios que se ofrecen. La privacidad es uno de estos ajustes, así como la autorización para el uso de datos personales. Todo ello lleva a la idea de poder encender o apagar sensores que almacenan todos los datos y que podrán ser utilizados en el futuro, de modo que se podrá conocer mejor a los clientes, construir nuevos modelos de negocio, y personalizar y ofrecer experiencias únicas y diferentes.

Así, compañías de seguros como Progressive, AllState o State Farm ya ofrecen dispositivos que permiten monitorear los hábitos de conducción y mejorar la tarifa mensual del seguro. O empresas como Lime o Zipcar ofrecen el servicio de alquiler de scooters o vehículos bajo demanda con RFID en el parabrisas para poder identificarse y desbloquear el vehículo de forma remota. Otras empresas como Rolls Royce empiezan a ofrecer el servicio de motores de avión como servicio a aerolíneas comerciales y responsabilizándose del cuidado y el mantenimiento de los motores.

Muchas son las oportunidades de transicionar de productos a servicios haciendo uso de una infinidad de sensores y nuevos modelos de negocio *as-a-service* ya sean por suscripción o pago por uso.

CIUDADES INTELIGENTES

El concepto *smart city* resultaba algo difuso hasta hace unos años. Básicamente porque se seguía discutiendo si la tecnología es realmente lo que permite que las ciudades sean más inteligentes y porque se buscaba un enfoque más centrado en la ciudadanía. Ya no es así. Los sensores y el IoT, el *data-driven design*, la inteligencia artificial y todo lo que tiene que ver con la sostenibilidad y la *decarbonized high-tech* dejan claro que sin tecnología es difícil que haya más eficiencia y, por lo tanto, más inteligencia. Otra cosa es la aplicación que se le dé a esta tecnología y que esté adecuadamente enfocada a mejorar la vida del ciudadano. Pero eso no depende de la tecnología en sí, sino de las personas que toman la decisión de aplicarla y utilizarla.

Las principales ciudades del mundo han incorporado sensores y análisis de datos en tiempo real para sincronizar semáforos, para saber si los contenedores de basura están llenos, para medir los niveles de contaminación y ruido o para ayudar a la gente mayor cuando sufre alguna caída o se desorienta por la calle. Estas son probablemente las aplicaciones más extendidas. Pero hay más.

Las ciudades portuarias, como Barcelona, utilizan sensores, IoT e inteligencia artificial para mejorar la logística de contenedores (*container tracking application*), para separar la basura que llega al puerto y gestionar mejor la huella de carbono, o para controlar mejor los servicios que requieren los barcos (remolque, amarre, suministro de combustible). Ciudades como Perth, en Australia, Moscú o Ciudad de México están intentando reorganizar la gestión de su tráfico gracias también al IoT. Y existen proyectos como Neom, situada en la región fronteriza entre Arabia Saudí, Jordania y Egipto, que se presenta como la primera ciudad cognitiva del mundo, es decir, con un modelo de vida aparentemente sostenible.

Los retos a los que se enfrentan ahora estas ciudades son la mejora de la gestión de los datos y su seguridad, es decir, la llamada soberanía digital que algunas ciudades ya están gestionando vía blockchain, la mejora de la conectividad con el desarrollo de la tecnología 5G y 6G, y el ahorro energético.

Para hacer frente a estos retos y otros como el desarrollo de infraestructuras, ciudades como Singapur o Shanghái han creado también sus *digital twins*, esto es, una réplica digital de sus respectivas ciudades, mediante la cual pueden probar soluciones o alternativas a un coste menor. Singapur, particularmente, espera poder abordar el problema de la isla de calor que se produce en la ciudad, así como la reconstrucción de escenas de accidentes a través del análisis forense digital y la planificación de escenarios para vehículos y robots autónomos.

Cierto es que el desarrollo de los gemelos digitales no es barato ni está al alcance de todos, pero parece que, a la larga, compensa, al ayudar a ahorrar energía y costes operacionales en la planificación urbanística. En cualquier caso, el beneficio de poder simular diferentes contextos o situaciones y visualizar la magnitud del impacto de una determinada decisión es clarísimo en infraestructuras o políticas de desarrollo cuyas inversiones son de importantes cuantías.

SENSORES BIOCOMPATIBLES

Por si no tuviéramos suficiente con tanto sensor, empezaremos a utilizar e ingerir todo tipo de biosensores. El mercado de los sensores biocompatibles tampoco dejará de crecer en la próxima década. Lo impulsan no solo los avances tecnológicos, sino la prevalencia de algunas enfermedades crónicas, la necesidad de adherencia a tratamientos y la mayor conciencia sobre el cuidado de la salud. La idea es que estos dispositivos sean como una cápsula compuesta por materiales biocompatibles que forman una fuente de alimentación, un microprocesador, un controlador y los respectivos sensores para medir el PH, la temperatura, la presión o componentes sanguíneos como el sodio. También los usaremos para recopilar imágenes del tracto intestinal y monitorizar electrolitos, enzimas, hormonas y comunidades microbianas, con lo que ofrecerán información clave sobre el impacto de lo que comemos, nuestra suplementación e incluso los cambios ambientales que vivimos.

En la misma línea están los biosensores que se utilizan en una amplia variedad de industrias, como la agricultura, la medicina o la industria alimentaria. Los biosensores se emplean ya en la agricultura para realizar un seguimiento del desarrollo de los cultivos, detectar posibles enfermedades y evaluar los niveles de nutrientes en el suelo. En muy poco tiempo permitirán detectar sobre el terreno la cantidad de vitaminas que hay en frutas y verduras.

A su vez, los biosensores se empiezan a utilizar en medicina para una variedad de propósitos. Permiten detectar patógenos en el cuerpo, analizar muestras clínicas y ayudar a diagnosticar y tratar enfermedades.

Podemos esperar que los biosensores en el futuro sean mucho más eficientes y confiables que los que tenemos ahora. Serán más pequeños, más rápidos y nos proporcionarán resultados más precisos. Estos biosensores podrán detectar una gama más amplia de biomarcadores y brindar una visión mucho más completa de nuestro bienestar y salud. La IA y el aprendizaje automático están realmente avanzando en este campo y se acabarán usando para crear biosensores con la capacidad de identificar patrones biológicos que nos permitar detectar enfermedades en estadios precoces.

TECNOLOGÍA INVISIBLE

Mientras lees estas líneas, es probable que tu teléfono esté detectando la red wifi automáticamente para conectarse con tus luces inteligentes y gestionar la intensidad de luz. Tu teléfono conversa sin decirte nada con otras máquinas todo el tiempo.

Los dispositivos IoT son invisibles para el usuario, con lo que proporcionan una experiencia sin fricciones. Recogen datos y permiten acciones concretas, determinadas por acceso remoto, que el usuario desea sin que este tenga que realizar esfuerzos. Además, la tecnología es escalable, así que posibilita mejorar el servicio o producto cuando es necesario. Sin embargo, esta ventaja es también su mayor inconveniente en determinados casos en los que el usuario no está dispuesto a ceder sus datos o en situaciones en las que el dispositivo IoT tiene como objetivo la vigilancia.

La tecnología de sensores es invisible para los usuarios y, a su vez, es más rápida de lo que podamos pensar. Los sensores de los vehículos son invisibles para el conductor y cada vez son más necesarios para entregar soluciones de seguridad instantánea. Realmente es útil que los vehículos detecten por nosotros cuándo un peatón va a cruzar por un punto ciego o que avise si algo está a punto de cruzarnos por detrás. Todo ello, se complementa con un computador a bordo que procesa rápidamente todos los datos que registran los sensores y consigue corregir, cambiar o alertar al conductor evitando accidentes. Uno de los sensores favoritos es el de proximidad y el control de velocidad crucero. ¿Sabías que también hay sensores detrás de ello? Pues sí, y consiguen detectar un vehículo que va delante ajustando automáticamente la velocidad para mantener la distancia. Parece que la industria automovilística está avanzando hacia la conducción autónoma definitiva, como la que entregan los vehículos de Tesla, pero la realidad es que el avance va más lento de lo que querríamos y solo se ofrece una conducción asistida para algunas marcas del mercado.

SENSORES PARA LAS EMPRESAS

A medida que la tecnología continúe avanzando, los sensores se volverán cada vez más importantes para las empresas ya que les proporcionarán datos valiosos sobre sus clientes, lo que les permitirá ofrecer una mejor experiencia de servicio. Con el uso de sensores, las empresas optimizarán sus procesos y crearán experiencias mucho más centradas en las personas. A través de estas tecnologías, las empresas monitorearán el comportamiento de los clientes en tiempo real, por ejemplo, en una tienda física, eso sí, resguardando la privacidad. Esto permitirá entender por dónde transitan mayormente en la tienda o cuales áreas son de mayor interés. Es así como, con sensores y *computer vision,* se decide dejar áreas mayormente transitadas para que los consumidores se tropiecen con nuestras mejores novedades. Las empresas se están transformando y continuarán en el camino de automatizar procesos que les permitan conocer la conducta de sus clientes en cada uno de los canales disponibles y poder evolucionar sus propuestas de valor y productos precisamente por conseguir establecer una distancia cero con sus mercados.

Por todo ello, la industria de los sensores continuará creciendo y mejorando sus capacidades. Los dispositivos evolucionarán y se convertirán en más inteligentes o con mayores capacidades de procesamiento, y empezaremos a sentir que vivimos en un mundo realmente conectado.

5
Un mundo lleno de tokens

Vamos hacia un mundo lleno de tokens. Sí, de tokens, porque vamos a necesitar una unidad de valor que pueda representar cualquier tipo de derecho o activo y se pueda intercambiar fácilmente de unos a otros con total seguridad y de una manera tan sencilla y rápida como intercambiamos *e-mails* o wasaps. Y sin necesidad de muchos intermediarios. Ninguno, si cabe.

Una nueva manera de hacer transacciones en la red —mediante cadenas de bloques que contienen información codificada— podría hacerlo posible y superar muchos de los inconvenientes de un mundo digital centralizado que está haciendo que empresas como Facebook, Google o Apple tengan, a ojos de cada vez más usuarios, demasiado poder y dejen claro el poco control que tenemos sobre nuestros datos. A esa lógica o arquitectura en red se la llama *blockchain* y podría ser la solución definitiva a problemas que todavía hoy no están resueltos, como la falta de seguridad y transparencia en el control de nuestros datos privados o el hecho de que internet no tenga una capa inherente de transacciones, lo que nos obliga a utilizar plataformas que dan un marco de confianza entre actores que no se conocen o no confían entre ellos, como hacen Amazon, Airbnb o Uber.

El concepto *blockchain* se lo debemos a Satoshi Nakamoto, quien, en el año 2008, publicó *Bitcoin: A Peer-to-Peer Elec-*

tronic Cash System, donde describía por primera vez el uso de una red de nodos descentralizados para validar y registrar de forma segura transacciones en una moneda digital llamada bitcoin.

Pero ¿cómo funciona exactamente? Como su propio nombre indica, la *blockchain* representa una arquitectura descentralizada de cadenas de bloques por las que circula información codificada, donde cada eslabón dc la cadena, situado en ordenadores independientes, valida la información que recibe, de manera que, cuando se hace una transferencia de dinero o cualquier otro activo de valor, no se necesita que un tercero autentifique la información. Sí, estamos diciendo que no hace falta que un banco certifique una determinada operación. Pero, además, una vez introducida, la información no puede ser eliminada, con lo que todos los movimientos son transparentes para todos sus actores.

Dicho así, puede seguir pareciendo una idea de difícil digestión, pero imaginemos que tenemos una tienda *online* con todos los datos de nuestros clientes almacenados en una base de datos única. Como estamos buscando ofrecer mayor seguridad sobre estos datos, decidimos guardarlos en una *blockchain* en pequeños paquetes o grupos de datos encriptados, donde cada grupo se guarda en un bloque diferente que luego son unidos gracias a un *hash* o marcador único que posee cada bloque y que son solo conocidos entre ellos (formando así una cadena con toda la información). Cada argolla de una cadena verdadera es un bloque que se conecta con la otra y sabe con qué otro bloque está unida. ¿Qué pasa si alguien sin autorización toma un bloque para ver esa información? Dada la encriptación y dependencia entre nodos, será extremadamente difícil poder descifrar lo que hay ahí y, sobre todo, al ser un paquete de datos parcial, quedarán protegidos todos los datos restantes de la cadena. Quedarán protegidos en principio, vaya, porque *hackear* un sistema es siempre posible. Es cuestión de tiempo y potencia de cálculo. No obstante, la *blockchain* combina computación distribuida con algoritmos matemáticos, criptografía y teoría de juegos para hacer cada vez más infranqueables los datos que protege. Un ataque exitoso requeriría de tanto poder de computación, consumo de energía y tiempo que lo que obtendrían sus *hackers* no merecería realmente la pena. Esa es su magia.

Las aplicaciones de la *blockchain* son múltiples. No solo para tener, por fin, dinero realmente digital. Puede utilizarse para llevar el registro de la cadena de suministro de todo tipo de productos o alimentos, desde su origen hasta el consumidor final, dotándolo de una capa de mayor transparencia y eficiencia. Puede servir para almacenar y validar registros de propiedad, como títulos de propiedad de una casa o un coche, haciendo mucho más fácil que nos vendamos cualquier tipo de propiedad, y reduciendo a la vez sus costes y la posibilidad de que seamos engañados. Una *blockchain* puede también servir para almacenar y validar nuestras identidades digitales de forma totalmente segura.

UNA NUEVA WEB ESTÁ LLEGANDO

Esta nueva manera de gestionar nuestras identidades podría cambiar la web que conocemos por una web en la que una arquitectura descentralizada con inteligencia artificial hiciera que algoritmos, objetos y humanos se comunicaran como nunca antes habían conseguido hacerlo.

Es la llamada Web3 y, aunque el término existe desde hace tiempo, es Packy McCormick quien populariza el concepto al definirla como «la internet que es propiedad de desarrolladores y usuarios, gestionada con tokens». La Web3 es, como veremos, una invitación para que usuarios y marcas se puedan relacionar de una manera bien diferente, para que todo tipo de activos se puedan tokenizar en el futuro y para que proyectos o iniciativas consigan financiarse más fácilmente.

La Web 1.0 fue la que vivimos desde sus orígenes hasta los últimos años de la década de los noventa, y tenía al link como su máximo estandarte en una internet que era principalmente de búsqueda, consulta y lectura de blogs o portales de noticias como Lycos, Starmedia, Yahoo o AOL. La Web 2.0 se abrió paso con las primeras redes sociales como Six Degrees, LiveJournal, Myspace o TheFacebook (así se llamaba Facebook cuando nació) y tuvo al «like» como su máxima expresión, al permitirnos compartir contenidos de todo tipo y, sobre todo, conectar y relacionarnos con gente de todo el mundo como jamás había sido posible. La Web 2.0 dio rienda suelta a aplicaciones SaaS (*software-as-a-service*) de todo tipo como Gmail o Google Docs. Sin embargo, dejó en manos de Facebook o Google la monetización y el control de contenidos y datos.

La Web 3.0, más conocida como Web3, será *read, write & interact*, y pondrá al token en el centro para permitirnos incorporar nuevas capas de monetización y, sobre todo, una sensación de control tanto de los contenidos que compartimos como de nuestros datos, hasta el punto de que podría aspirar a quitarles protagonismo a las Big Tech precisamente por su naturaleza descentralizada al mejorar la interconexión y la interoperabilidad de cualquier tipo de dato en línea, proporcionando una capa de confianza para el intercambio de información y, especialmente, para la realización de todo tipo de transacciones.

De todas formas, todo esto está por ver, porque, aunque las ventajas de descentralización son innegables, una estructura de cadenas de bloques de bases de datos duplicadas en miles de ordenadores de manera distribuida es inherentemente más costosa en términos de consumo de energía y velocidad que el uso de una base de datos estándar, precisamente porque muchas computadoras deben realizar el mismo trabajo. De ahí que muchas operaciones necesiten más tiempo para completarse y poder garantizar el consenso que dé fiabilidad a cada transacción. Para ponerlo en contexto: Bitcoin procesaba unas siete transacciones por segundo en 2021, mientras que Visa afirmaba procesar unas 1700 de media. Así que sí, la *blockchain* tiene un problema de escalabilidad, y de ahí que Ethereum, la segunda *blockchain* más grande, haya decidido cambiar su mecanismo de consenso y pasar de *proof of work* (PoW) a *proof of stake* (PoS), un método de validación que requiere mucha menos energía.

Hoy en día, un Instagram basado en cadenas de bloques probablemente para evitar sobrecargar la cadena de datos guardaría casi todas las fotos y los vídeos fuera de la cadena, en servicios basados en la nube, y aun así cada foto tardaría unos segundos en descargar. Este es el talón de Aquiles de la tecnología *blockchain* que plataformas como Solana o Avalanche aspiran a superar. Y esperan conseguirlo porque sus soluciones de código abierto permiten crear aplicaciones descentralizadas (DAPPs) sobre ellas y procesar miles de transacciones por segundo, lo que las hace ideales para construir aplicaciones de intercambios descentralizados (DEXs), por ejemplo, para comprar o vender criptomonedas sin la necesidad de una autoridad central o para desarrollar finanzas descentralizadas (DeFi) como préstamos, créditos o pagos entre *peers* (iguales) sin que necesiten ser controlados por ningún tipo de entidad o autoridad única. Es un cambio de paradigma que impulsa la descentralización para que la Web3 opere en su máxima expresión.

Mientras, deberán convivir plataformas con bases de datos centralizadas (donde una única compañía gestionará y asegurará la fiabilidad de la información que nos ofrece) con primeras propuestas de bases de datos descentralizadas. Pero el camino está marcado no solo por la seguridad que nos otorga replicar la información entre múltiples nodos, sino porque *blockchain* permite incorporar, a través de sus *smart contracts* (contratos inteligentes), una lógica de tokens y pagos que la internet actual estaba esperando hace tiempo.

EL *BOOM* DE LOS CONTRATOS INTELIGENTES

Una red *blockchain* funciona como un registro contable distribuido donde aparecen y son computadas todas las transacciones. Los tokens son emitidos con un contrato inteligente, que incluye instrucciones que tienen la capacidad de ejecutar acciones de acuerdo con una serie de parámetros programados. Todo de forma transparente, segura e inmutable. Y sí, inmutable significa que los contratos no se pueden borrar y que las interacciones que se establecen con ellos son irreversibles.

Los contratos inteligentes son, al fin y al cabo, programas que ejecutan tareas automáticamente cuando existe un acuerdo entre las partes. Para ello, se involucra un tercero de confianza para validar la acción, dado que finalmente es el código del contrato el que asegura su cumplimiento.

En un contrato se puede usar o no un token. Dependerá del propósito para el cual se creó el contrato. Un *smart contract* puede ser utilizado para la gestión de una tienda, por ejemplo, y no necesitará hacer uso de un token. Pero si se busca realizar un pago u otro tipo de transacción, tendría sentido que se hiciera uso de tokens en el contrato.

Los contratos inteligentes ofrecen una forma simple de incluir reglas y lógicas de negocio en el mismo código, con lo que permiten simplificar procesos, eliminar intermediarios y, por lo tanto, costes. Además, pueden ser usados para registrar cualquier tipo de posesión y representar un conjunto de permisos tanto en el mundo físico o como en el digital.

Ethereum ha popularizado los *smart contracts* para todo tipo de operaciones desplegando decenas de millones desde su creación. Y aunque todavía quedan por resolver algunas inquietudes debido a la mirada terriblemente conservadora del mundo jurídico, se va afianzando la tecnología para que los contratos ya no se redacten con palabras, sino con código, y su cumplimiento dependa de software.

Hace ya algunos años, la multinacional de seguros francesa Axa presentó un seguro por retraso de vuelos basado en *blockchain* que permitía agilizar o activar la compensación al cliente desde el contrato tan pronto como se detectaba un retraso superior a dos horas. La *blockchain* en este caso aseguraba los datos y la transacción. El sector de las mercancías, el de los alquileres o el de la banca podrían ser claros candidatos a utilizar esta tecnología.

Países como Suiza, Singapur, Japón, Estonia, Malta o Andorra ya han aprobado marcos legales favorables para hacer uso de la tecnología *blockchain* para regular la creación de dinero digital soberano programable y los activos digitales como instrumentos financieros.

Por si fuera poco, los contratos inteligentes y los registros distribuidos también podrían ser un catalizador de intercambios máquina a máquina en la internet-de-las-cosas. Así, veremos cómo dispositivos conectados a una red intercambiarán información de manera automática y segura, desde neveras que interactuarán con tiendas bajo esta modalidad de contratos hasta vehículos que podrían pagar ellos solitos su carburante en un punto de carga, pasando por el pago automático de facturas a sus respectivos proveedores al recibir en su destino las mercancías o los pedidos solicitados.

Esto podría permitir una economía colaborativa o un capitalismo con esteroides: apartamentos, coches, lavadoras, bicicletas, relojes... Una vez que estos sean marcados con sus propias direcciones en *blockchain*, podrían ser gestionados por contratos inteligentes que actúan como un candado digital. Individuos, organizaciones y máquinas podrán interactuar libremente entre sí con poca fricción y a una fracción de los costes actuales.

Siguiendo con el tema de los costes... los contratos inteligentes podrían permitir pagos de naturaleza P2P (vaya, entre pares o iguales) reduciendo costes de transacción. Los micropagos podrían así generalizarse aún más si cabe, y simplificarse y automatizarse (sin necesidad de tener ni el número de teléfono ni el correo electrónico del destinatario del dinero).

Los *smart contracts* nos permitirán introducir capas de monetización que hasta ahora no eran posibles (como cobrar por facilitar nuestros datos) y harán que las preocupaciones de los derechos de autor lleguen a quedar obsoletas. Millones de personas empezarán a ver que consiguen monetizar sus esfuerzos por crear un nuevo *skin* para Fortnite, un simple *script* de código, una emisión en *streaming* de jugadores compitiendo en un torneo en línea o simplemente un tutorial sobre cómo pasar de pantalla en juegos como Dark Souls o DotA.

Con la Web3, ser creador y tener control sobre tus propias creaciones saldrá a cuenta. Llega la era de los creadores, y llega porque los contratos inteligentes podrán utilizarse para automatizar el proceso de pago de *royalties* a todo tipo de autores y creadores.

El mercado evolucionará en la forma en la que se mueve la economía global, y podremos firmar contratos con gente a la que ni conocemos y decidir invertir en una pequeña empresa de un país remoto en el que nunca hayamos estado o participar en un préstamo a un granjero de la Patagonia, un mecánico de motocicletas de la India o un estudiante de África del que no tenemos referencia o conocimiento alguno.

UN MAR DE TOKENS DONDE ESCOGER

Los tokens van a impregnar todos los sectores, porque la posibilidad de desplegar tokens a un bajo coste y relativamente poco esfuerzo cambiará las reglas del juego y hará económicamente posible representar muchas clases de activos y de derechos de acceso de una manera digital. Cualquiera podrá tokenizar sus activos y usarlos como quiera.

La tokenización de la economía traerá casos de uso completamente nuevos, modelos de negocios y tipos de activos que antes simplemente no eran económicamente viables.

Dispondremos de tokens que nos permitirán tener acceso a un producto o un servicio en particular, ya sea a un *software* (o licencia), a una película de pago o incluso a un club o gimnasio, concierto o estadio de fútbol. Vaya, que vamos a decir adiós a las entradas, al menos en la forma en que las conocemos actualmente

Usaremos tokens para demostrar que hemos estudiado en tal escuela o universidad, como *boarding pass* para acceder a nuestro próximo vuelo o incluso para dejar de llevar todo el día encima nuestro carné de conducir o de identidad y demostrar que somos los titulares de todo tipo de contratos (de pólizas o préstamos) que hayamos podido formalizar en el pasado.

Tendremos tokens en forma de NFT para representar cualquier activo o valor, desde una prereserva de un producto que está por lanzarse a cualquier producto físico que podamos imaginar y que nos permita demostrar que somos realmente su titular (ya sea un reloj de alta gama, unos pendientes con un diseño muy especial o nuestro último Alfa Romeo Tonale) o cualquier objeto o activo digital.

Un NFT (token no fungible) no es otra cosa que un token digital único que representa la propiedad normalmente de un activo digital específico, como una obra de arte o una colección de objetos virtuales. Un NFT es precisamente no fungible porque es único y no puede intercambiarse por otro activo. Al representar la propiedad única de una obra de arte o dc una casa, resuelve la necesidad de registro de titularidad y traspasa la confianza en el registro descentralizado de una *blockchain*.

Su unicidad ha llevado a millones de personas a comprar e invertir en todo tipo de piezas creativas —arte digital— o coleccionables virtuales (sean cartas u objetos virtuales usables en juegos en línea, o mundos virtuales y metaversos). También en cosas tan absurdas como comprar el primer tuit de la historia, un aplauso virtual o un simple píxel. Pero, para gustos, colores.

Claramente muchas de las compras en NFT han sido especulativas y se han basado en la creencia de que con el tiempo podrían acabar valiendo mucho más dinero. Se han pagado auténticas barbaridades —incluso millones de dólares— por obras de arte digitales para juegos de coleccionables de gatos digitales como Crypto Kitties, objetos virtuales de lujo como Crypto Collectible de HODL Gang o terrenos y propiedades virtuales en juegos o incluso plataformas de realidad virtual como Cryptovoxels, Decentraland o The Sandbox. Plataformas como OpenSea o Rarible se han encargado de que miles de millones de dólares se transaccionarán en un mercado de NFT que llegó a volverse literalmente loco en el año 2021 y que, por suerte, ha empezado a racionalizarse.

A su vez, muchos juegos han empezado a utilizar NFT para recompensar a aquellos jugadores que completan ciertas misiones o logros y les permiten canjearlos para obtener productos o derechos en el mismo juego o en el mundo real. Los NFT pueden prestarse o alquilarse a otros jugadores para así generar ingresos a sus propietarios.

Los NFT les dan a usuarios y jugadores, por fin, una verdadera sensación de propiedad y les permiten tener una participación real en el juego o la plataforma, al tener propiedad y control sobre sus activos digitales. Esa es la esencia de los NFT, su capacidad para permitir la propiedad y el intercambio de activos digitales de manera segura y transparente. Y eso permitirá canalizar en el tiempo todo tipo de energías en el mundo virtual. Los NFT dan a los clientes la oportunidad de ganar dinero a través de su reventa, y eso cambia fundamentalmente la forma en la que se perciben y valoran los productos que puedan tener asociado un NFT.

Los NFT están teniendo un significado más allá de lo que son. Para muchos pueden tener un valor simbólico. Para otros, un valor social (pertenecer a un club VIP, por ejemplo). Las motivaciones se irán desvelando cuando el mercado comience a masificarse y sea cada vez más común ser dueño de alguno de estos activos digitales con los que interactuaremos en espacios virtuales y accederemos a los físicos.

Compraremos o nos suscribiremos a cosas necesarias en nuestra vida cotidiana, como prendas de vestir, maquillaje, bebidas, accesorios para el ordenador, vehículos, y estos vendrán con colecciones exclusivas que podremos activar en mundos virtuales y metaversos. La relación entre las marcas y estos activos digitales ya es una realidad. La firma de moda Hugo Boss ha entendido que los bienes pueden ser exclusivos en el mundo digital y complementarse con una réplica real en el mundo físico. En octubre de 2022, lanzó su primera colección NFT, titulada *Embrace your emotions*. También podemos tener bienes NFT que sirven de puerta de acceso a un universo de ventajas exclusivas, como los NFT de Warner Bros para la última aventura de

Neo y Trinity en Matrix. En esta misma línea se desarrollaron 5000 asientos virtuales en forma de NFT con beneficios exclusivos para los compradores de esta colección única en el torneo de tenis Roland Garros en 2022.

Los NFT son, en definitiva, una vía para conectar con nuevas audiencias y una fórmula novedosa de crear productos exclusivos de alto valor que solo existen en el mundo virtual o en una mezcla de ambos. Las marcas están comenzando a desarrollar experiencias significativas con el fin de desarrollar presencia hasta que el mercado de los NFT se sostenga masivamente y comience a ser un espacio tan rentable como el físico.

Y con tanto token, sin lugar a dudas, vamos a necesitar tener *wallets* (carteras) donde poderlos guardar. Un *wallet* no es otra cosa que un software o dispositivo que se utiliza para almacenar, enviar y recibir criptomonedas y tokens como el que tenemos en nuestro *smartphone* para guardar nuestros *boarding pass* o tarjetas de crédito. Actúa como una especie de cuenta bancaria digital y se compone de dos elementos clave: una dirección pública y una clave privada. La dirección pública es como una dirección de correo electrónico que se utiliza para recibir criptomonedas o tokens. La clave privada es la contraseña que nos permite acceder a nuestro *wallet* y poder realizar determinadas transacciones.

Hay billeteras con custodia —como CoinBase, BitGo o Fireblocks— donde los usuarios depositan la confianza de sus fondos y tokens en un tercero para que los almacene y gestione. Otras billeteras —como Trust Wallet, Metamask o SafePal— depositan la responsabilidad de la seguridad en los mismos usuarios.

Con el tiempo, nuestros *wallets* se convertirán en llaves y claves de acceso a cualquier tipo de servicio y navegadores como Google Chrome, Firefox u Opera. Estos ya empiezan a ofrecer extensiones para asociar nuestro *wallet* y realizar transacciones con criptomonedas y tokens. Navegadores como Brave ya han sido diseñados para que la configuración del *wallet* sea parte de la experiencia y así poder tener un mayor control de nuestros datos o incluso monetizarlos mediante sus tokens, basados en Ethereum llamados BAT (Basic Attention Token). No dan para mucho. En un mes se ganan unos tres euros. Pero algo es algo. Con este sistema, podríamos dejar de necesitar crear nombre de usuario y contraseñas para cada sitio o *app* que utilizamos porque tendremos *wallets* para loguearnos. Un único perfil nos funcionará en cada plataforma, con lo que podremos compartir nuestros perfiles o vender nuestros datos a marcas o anunciantes cuando nos parezca, o podremos optar por compartir (o no) información con una determinada empresa de forma individual.

DINERO REALMENTE DIGITAL

A pesar de los vaivenes que está teniendo el mundo de las criptomonedas desde su aparición y de la mirada profundamente especulativa que hemos tenido muchos cuando hemos decidido comprar nuestros primeros bitcoins, ethers o dogecoins, la *blockchain* trae consigo la posibilidad de crear un sistema económico basado en una moneda 100% digital completamente descentralizado en el que dejemos de depender de gobiernos, bancos centrales u organismos internacionales.

Esta idea, aunque quizás algo romántica y utópica, nos ahorraría algunos de los quebraderos de cabeza a los que nos tienen acostumbrados algunas naciones que en las últimas décadas no han parado de imprimir dinero y más dinero. La americana, sin ir más lejos, ha conseguido que pasáramos de tener en el mundo cerca de 400.000 millones de dólares en el año 1971 a los 418 billones de dólares que hay en la actualidad, y conseguir —entre otras cosas— que, si la inflación acumulada entre 1910 y 1971 fue del 306%, desde que salieron del patrón oro hasta la fecha haya escalado hasta el 2326%. Y ya sabemos qué pasa con la inflación: los ricos se acaban haciendo más ricos, y los pobres, más pobres.

Por si fuera poco, las deudas soberanas están por las nubes, y hace tiempo que los estados gastan más de lo que generan. Porque no hay nada más fácil que imprimir dinero. Es más fácil que subir los impuestos o reducir gastos y servicios. Y como están tan endeudados, un poco más de inflación no hace más que hacerles pensar que no deben tanto. Pero, muy probablemente, esta política hará que todo el sistema económico en algún punto caiga y nos juegue una mala pasada. Como dice Jason Williams en su libro *Bitcoin, Hard Money You Can't F*ck With,* una vez que empiezas a imprimir dinero, es muy difícil dejar de hacerlo. Es como una droga, y convierte a nuestro sistema monetario en un drogadicto desesperado por la próxima inyección de impresión de dinero. Necesitamos una alternativa. Una nueva forma de dinero, completamente independiente de bancos y gobiernos. Una moneda digital nativa para un mundo digital.

Una moneda digital que haga que, cuando nuestros gobiernos quieran endeudarse, lo hagan, pero no a costa de imprimir dinero. Eso les hará ser mucho más razonables y entender que uno no puede gastar mucho más de lo que recauda por mucho tiempo. Y, por ende, conseguirá que nuestros sistemas financieros sean mucho más estables.

Y esa moneda, a pesar del difícil momento que está viviendo en el instante en que escribimos estas líneas, podría ser el Bitcoin. Y podría serlo porque, poco a poco, cadena a cadena, se está convirtiendo en una moneda de facto. Y lo está haciendo de la misma manera que lo hizo internet en su momento. Gradualmente.

Al fin y al cabo, a lo largo de la historia, el hombre ha utilizado una variedad de monedas de intercambio, como metales preciosos (oro, plata, cobre), conchas, perlas, sal, grano o bienes manufacturados. Incluso cigarros o paquetes de *noodles* en algunas cárceles o prisiones. Para ello, solo se necesita que sean portables, duraderas, divisibles, no-falsificables y escasas. Ah, y que todos convengamos en que vale la pena utilizarlas como dinero. Cualquier cosa puede convertirse en dinero, porque el dinero es solo un sistema de creencias que gana en valor si suficientes personas así lo creen.

Y bitcoin cumple todos esos requisitos y más. Porque, al ser digital, es simple, seguro, transparente y completamente neutral. El hecho de que solo pueda haber 21 millones de bitcoins (no todos desplegados todavía) convierte esta moneda en un recurso finito, condición *sine qua non* para que una moneda digital adquiera valor en el tiempo.

Ahora, solo el tiempo dirá si conseguirá superar monedas fiat como el dólar o el euro o si sus bancos centrales se encargarán de que dejemos de confiar en cualquier criptomoneda y adoptemos el dólar o el euro digital. Lo que sí está claro es que el dinero será digital o no será.

(CO) INVERTIR Y CREAR VÍNCULOS

No podemos terminar de hablar de tokens sin mencionar un nuevo tipo de organización que irá apareciendo con el tiempo. Nos referimos a las DAO (Decentralized Autonomous Organizations), que, como su nombre indica, son organizaciones basadas en cadenas de bloques para poder ser regidas por un conjunto de reglas establecidas por todos aquellos que posean tokens de ellas y se comprometan a una causa determinada. Son organizaciones realmente descentralizadas, donde las decisiones son tomadas por aquellas personas que ostentan la titularidad de los tokens. Tokens que permiten que personas que ni tan siquiera se conocen decidan sumarse a un nuevo proyecto o a una nueva causa financiada con este tipo de moneda.

Giveth DAO es un ejemplo de ello. Se presenta como una plataforma que «recompensa el altruismo, empoderando a los que lo practican». Dicho de otro modo, permite hacer donaciones realmente transparentes y eficientes. Entre sus proyectos, destacan las donaciones para el terremoto de Turquía y Siria en febrero 2023. Bounties Network es otra plataforma que ayuda a la comunidad a financiar proyectos y recompensar a los participantes. MakerDAO se propone igualmente crear una moneda virtual e «imparcial» que pueda ser usada en cualquier lado y en cualquier momento.

Las DAO tienen el potencial de revolucionar la forma en la que operan las organizaciones al permitir la toma de decisiones descentralizadas y simplificar los procesos de adhesión y salida. Por eso, las organizaciones conseguirán volverse con el tiempo más flexibles o participativas como resultado de la mezcla de mejores vínculos de comunicación y gobernanza entre sus pares.

Nos encontramos todavía en una etapa temprana de una tokenización real de la economía con tokens, valga la redundancia. Pero la cosa promete. Aun así, la transición hacia una web descentralizada será todavía muy lenta y gradual, porque, aunque las arquitecturas descentralizadas son más resilientes que sus antepasados centralizados, también son más lentas e ineficientes. Velocidad, *performance*, escalabilidad y usabilidad son todavía cuellos de botella que la Web3 deberá resolver en los próximos años. Igualmente deberán producirse algunos cambios legislativos, también lentos, para que confiemos plenamente en un mundo tokenizado.

En cualquier caso, tardemos más o menos, como dice Shermin Voshmgir en *Economía del Token*, un libro algo académico pero imprescindible para entender qué se cuece en la internet hacia la que vamos. «Todo apunta a que los tokens podrían ser para el sistema financiero o económico lo que internet fue para Correos». Una auténtica revolución.

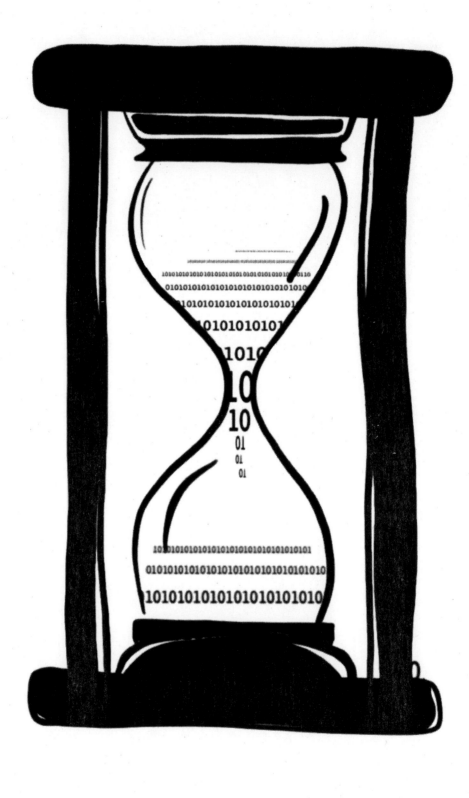

6
Un mundo inmediato

L o cantó Queen en 1989: «I want it all and I want it now» ('Lo quiero todo y lo quiero ahora'). Lo retomó veinte años después la banda de *rock* alternativo Veruca Salt: «Quiero el mundo, el mundo entero. Lo quiero en mi bolsillo. Es mi barrita de chocolate. Dámela ahora». Y se ha convertido en el lema de la generación milenial (los nacidos entre 1981 y 1997), que ya representa el 35% de los trabajadores en los Estados Unidos y se espera que sea el 75% de la fuerza laboral mundial para el 2025.

No es de extrañar. Son testimonio de los avances tecnológicos que hemos vivido en las últimas dos décadas y tienen la sensación de tener el mundo no a sus pies, pero sí a un clic o *swipe* de distancia. Tanto si se trata de consumir información o entretenimiento (Instagram, YouTube, TikTok...) como si se trata de moverse de un sitio a otro (Uber, Lift, Cabify...), comer algo (Postmates, JustEat...) o simplemente ligar (Tinder, OkCupid, Grindr...).

La inmediatez se ha convertido en el valor añadido prioritario para muchos negocios y, a la vez, en su peor caballo de batalla, porque producir pedidos y entregarlos requiere tiempo y una logística al alcance de pocos.

Vale, hablamos de Amazon. Y en menor medida, al menos en Europa, de AliExpress y Alibaba, que en noviembre de 2022 lanzó en España Miravia, una nueva plataforma que combina comercio electrónico y entretenimiento, o sea, algo así como una mezcla de Amazon y TikTok o Instagram.

Resultar atractivo en una época en la que los algoritmos son capaces de predecir qué vas a necesitar mañana y servírtelo al día siguiente resulta muy complicado. Por eso hay que ofrecer más. Más contenido (variado, cada día), más servicios, más posibilidades, más facilidades. Cada vez más, a golpe de dopamina, para provocar un deseo irrefrenable de tener o hacer en tus potenciales clientes.

Todo esto teniendo en cuenta las variables que determinan el comportamiento del consumidor: la percepción de control, la velocidad de entrega, la calidad del servicio y la capacidad de satisfacer sus necesidades diarias.

La percepción de control condiciona la ansiedad que puede sentir el consumidor por haber pagado por algo que no sabe exactamente dónde está ni cuándo va a llegar. Esto lo solucionan los *e-mails* que aclaran en qué punto se encuentra el proceso: en preparación en el almacén, de camino, etc. Algunos servicios añaden incluso una foto del paquete, como para dejar claro que existe y que quien ha hecho el pedido no tiene que preocuparse de nada.

Pero aun así hay veces en las que sobreviene un imprevisto, como que un producto en concreto no esté en *stock* y tarde en llegar al almacén. Y la empresa tiene que poder gestionarlo para tranquilizar al comprador u ofrecerle una alternativa (cambiar el producto por uno parecido o cancelar el pedido). En este sentido, según un informe de Zendesk, los mileniales y los Gen-Z prefieren canales que les aseguren respuestas instantáneas, como el chat. Esto implica que las empresas inviertan en soluciones tecnológicas como los chatbots y los asistentes virtuales que ofrezcan este tipo de conversaciones inmediatas. Sin embargo, cualquiera que los haya usado sabe que, de momento, están muy limitados y suelen ser una experiencia frustrante (si ChatGPT no lo resuelve en breve).

La percepción de calidad del servicio depende en gran medida de esta percepción de control, pero también de la velocidad de entrega y la capacidad para satisfacer las necesidades del cliente, que son subjetivas y están condicionadas por la liberación de dopamina producida por la instantaneidad de los servicios *online*. Y sí, es un pez que se muerde la cola. La instantaneidad que nos permite vender más es la misma que nos juega a la contra cuando no cumple con las expectativas del usuario.

La clave reside, pues, en crear experiencias de usuario que sean convenientes, cómodas (sin fricciones) y consistentes en el tiempo, que conecten con la manera de vivir de los usuarios, que les ofrezcan algo único, que digan lo que hacen de forma transparente y lo demuestren, y que se preocupen por lo que pasa en el mundo. De hecho, según un estudio de Accenture Strategy, el 62% de los clientes quieren que las empresas adopten posturas sobre temas actuales y relevantes como el cambio climático, la inclusión LGTBIQ+, el empoderamiento femenino o la transparencia, entre otros. De ahí que muchos negocios se posicionen como marcas con propósito. Nike lucha contra el racismo; Adidas ya hace zapatillas con plásticos reciclados y Starbucks apoya a comunidades cafetaleras.

De ahí también que algunas exploren nuevos mundos virtuales (de los que hablamos en otros capítulos) como otra forma de «tener inmediatamente sin contaminar». Que esto sea realmente así es harina de otro costal. Se calcula que la huella de carbono de nuestros *gadgets*, internet y los sistemas que la soportan es del 3,7%. Y se prevé que esta cifra se multiplique por dos en 2025. Ok, queda lejos del 24% que emite el transporte. Pero todo suma, y habrá que buscar una manera de reducir este impacto. En cualquier caso, transformar lo material en inmaterial, lo tangible en intangible, lo físico en digital, es el camino más rápido para que podamos vivir en un mundo más inmediato.

Pero para ello es imprescindible el desarrollo de tecnologías como el 5G y el 6G, que no solo aumentan la velocidad de transmisión de los datos, sino que reducen al mínimo la latencia, es decir, el tiempo que pasa entre un estímulo y la respuesta que produce. Dicho de otro modo, la latencia determina el tiempo que tarda una página web en cargarse, la calidad de una videollamada o de una partida en un videojuego. La latencia normal en internet es de 50 a 100 milisegundos.

En febrero de 2019, el Dr. Antonio de Lacy, del Hospital Clínic de Barcelona, asistió al cirujano de una operación de cáncer de colon que se estaba practicando en ese hospital desde las instalaciones donde se celebraba el Mobile World Congress (MWC) gracias a la tecnología 5G, que ofrece una latencia de 1 milisegundo. Fue la primera operación teleasistida con 5G del mundo y puso de relieve la importancia de poder transmitir datos sin demora. En 2021, un cirujano chino operó a un paciente con párkinson a 3000 km de distancia. Desde entonces, el hito se ha repetido en diferentes entornos y situaciones, aunque no es el pan de cada día, porque evidentemente barato no es.

Aun así, y aunque la tecnología 5G todavía no es ni mucho menos la dominante en numerosos territorios, la siguiente generación de redes ya está en marcha. De hecho, en 2020, Corea del Sur le puso fecha y datos al 6G al anunciar su primer piloto para 2026 y prometer una velocidad cinco veces mayor al máximo teórico del 5G con una latencia invisible (0,1 milisegundos).

Sin embargo, al inicio de 2023, todavía no se había definido un estándar para 6G y no se conocían las bandas de espectro que se utilizarían para la transmisión de datos. Eso sí, se estimaba que los primeros casos llegarían en 2026-2028 y que su comercialización se produciría en 2030, con avances que dibujarán un mundo todavía más conectado con distintas realidades (virtual, aumentada y mixta) que convergerán en servicios adaptados para cualquier pantalla.

Uno de los campos de aplicación, según un documento de Samsung, podría ser la holografía, transmitida en tiempo real y sin latencia, lo que posibilitaría, por ejemplo, dar una conferencia en un lugar sin estar en él. Cierto es que esto ya se ha probado, pero con resultados más bien pobres. Por otra parte, la empresa china de productos electrónicos OPPO se centra más en la aplicación de la inteligencia artificial, que permitirá, dice, que las redes de 6G se autoadministren, optimicen y distribuyan recursos de manera inteligente. Esto debería repercutir también en el gasto energético, pero todavía queda mucho por definir.

De momento, como decíamos, transitamos entre lo virtual y lo físico para tenerlo todo para ayer.

PHYGITAL ERES TÚ

Que los libros puedan ser un archivo .azw (el que usa Amazon para Kindle), .pdf o .epub forma ya parte de la normalidad. Que podamos escuchar música en Spotify en el PC de sobremesa de casa, nos la llevemos al móvil al salir por la puerta y sigamos escuchando la misma lista de reproducción en el coche, también. Y lo mismo pasa con el hecho de que podamos recoger en tienda la compra del supermercado que hacemos *online* o probarnos *in situ* una prenda que hemos visto en una web. La frontera entre lo virtual y lo físico se difumina en un mundo en el que el *smartphone* se ha convertido en una extensión de nosotros mismos y las tiendas integran cada vez más el concepto *phygital*, que considera que el comportamiento que tiene un usuario en el mundo físico y en el mundo virtual son parte de la misma realidad y una misma experiencia.

La palabreja no es nueva. En 2013, se describía como tecnología *phygital* los iBeacon, basados en *bluetooth*, que permitían identificar a una persona en un lugar concreto. Pero tenían tantos requisitos técnicos que ya prácticamente nadie los usa. Ahora, el concepto se aplica más a un tipo de *marketing* que aprovecha los datos que emite un usuario al ver, por ejemplo, una prenda en una tienda *online* para luego avisarlo de que la tiene disponible en la tienda física al pasar delante del local. Se asocia también a acciones como crear la versión física o *pop up* de una tienda *online* durante unos días para fomentar las ventas. Esto se da en el mundo de la *fast-fashion* o moda rápida, que deberá repensar su modelo de negocio teniendo en cuenta el Pacto Verde Europeo, que tiene entre sus objetivos regular el desecho textil.

En este escenario en el que las tiendas tienen que ser algo más que tiendas para cumplir con las expectativas de una generación impaciente pero comprometida, y a la vez acatar la legislación, la virtualidad aparece como una puerta abierta a la experimentación y la libertad creativa. Hace tiempo que es posible probarse virtualmente unas gafas antes de adquirirlas. La aplicación Wanna Kicks permite desde hace también algún tiempo probarse zapatillas vía realidad aumentada. Amazon tiene ahora un probador virtual para hacer lo mismo, sin colas y sin esperas. Zara ha incorporado un modo tienda en su aplicación que permite localizar una prenda que has visto *online* sin dar vueltas como pollo sin cabeza por el local.

Y, por supuesto, las marcas se lanzan al metaverso, un mundo virtual, descentralizado, interactivo e inmersivo, para vender sus diseños y colecciones NFT. De momento, con resultados dispares y anécdotas curiosas como que un señor pueda crear un NFT sobre una interpretación virtual de un bolso de lujo de Hermès y la marca lo denuncie por infracción marcaria, competencia desleal y *cybersquatting* ante el Tribunal del Distrito Sur de Nueva York.

Está claro que las réplicas virtuales pueden ser el súmmum de la inmediatez y aportar una experiencia nueva, pero siempre que se disponga de una conexión lo suficientemente potente, un sistema operativo actualizado y una tarjeta gráfica decente para ver algo más elaborado que el viejo Second Life (lanzado en el 2003). A todo esto, hay que sumarle las gafas de realidad virtual y aumentada. Las Oculus Quest Pro 2, que Mark Zuckerberg lanzó en octubre de 2022, cuestan unos 450 euros. Con todo, la experiencia del metaverso queda en poco de momento, pero, como ha pasado con otras tecnologías, una vez pasado el *hype*, se encontrará la manera de sacarle el máximo partido.

De hecho, expertos como Christina Yan Zhang, CEO de The Metaverse Institute, asegura que hay dos tendencias de desarrollo del Metaverso en este momento: una muy centrada en las aplicaciones de empresa, y cita como ejemplo el contrato de Microsoft para proporcionar gafas de realidad virtual Hololens al ejército americano; y otra liderada por *players* como Roblox o Decentraland, centrados en el usuario final.

Según Yan Zhang, estas dos tendencias convergerán una vez pasen la fiebre inflacionista y la recesión. Otro tema es cómo hacer sostenible el desarrollo del metaverso, porque supone un consumo energético ingente. Y aquí Yan Zhang ve dos posibles soluciones: la computación cuántica o la Web3. La computación cuántica es más rápida que cualquier supercomputador que exista actualmente. En cuanto a la Web3, que como vimos se basa en la descentralización, permitiría plantearse el metaverso-as-a-service.

De ser así, en el futuro, todo el mundo podría disponer de su propio metaverso. Pero, claro, una vez más: ¿de dónde sacamos energía para tanto? Algunos grandes *players* podrían ofrecer ese metaverso-as-a-service para asegurar que el consumo energético sea el mínimo. Y aquí, de nuevo, aparece la controversia sobre si se puede construir un futuro descentralizado que empodere a cada individuo con proveedores que centralizan los servicios para asegurar un consumo energético eficiente. La discusión no es baladí y determinará el futuro de la web tal como la conocemos.

IMPRESIÓN EN EL MOMENTO

Lo que sí se está materializando con la fusión de lo virtual y lo digital y la posibilidad de cruzar datos es la posibilidad de imprimir los productos en el lugar de venta, con el consiguiente ahorro de costes que esto supone en la cadena de suministro. De hecho, conlleva repensarla de arriba abajo.

La librería sevillana Isla de Papel imprime libros digitales en menos de 8 minutos. Etsy ofrece patrones para imprimir lámparas 3D. Shapeways imprime gafas y joyas. Y Ministry of Supply, sus camisetas Apolo en menos de 90 minutos.

Esto representa una oportunidad para la reconversión de las tiendas en *showrooms* y espacios de impresión a demanda que satisfarán la necesidad de inmediatez de mileniales y Gen Z. E incluso de generaciones anteriores que buscan una experiencia de compra más personalizada.

Según CNBC, cerca del 40% de las compras que se hacen *online* y del 10% de las que se hacen en la tienda física se devuelven, porque no se han podido probar, porque en el espejo de casa se ven diferentes o por un simple cambio de opinión. El caso es que las devoluciones representan un gran coste que acaba suponiendo no solo un problema financiero para los establecimientos, sino también logístico y medioambiental. De hecho, según la misma fuente, los comercios acaban tirando hasta el 25% de las devoluciones. Las imágenes del desierto de Atacama de Chile convertido en un basurero de ropa sin usar son una clara prueba de ello.

La impresión a medida de un producto concreto, probado *online* mediante realidad aumentada, podría aportar una solución al problema. No solo tendría un impacto positivo en el medioambiente al eliminar, o por lo menos reducir, la necesidad de transporte de mercancías y la gestión de la temida última milla, que describe la última parte del proceso de entrega de un pedido, sino que podría limitar las devoluciones. De hecho, ahora mismo la realidad aumentada ya multiplica por dos los ratios de conversión *online* y reduce las devoluciones un 40%. Ver el producto en su entorno tiene todavía mejores resultados.

Añadir la impresión *in situ* llevaría el proceso un paso más allá y daría una nueva oportunidad a tiendas pequeñas que no pueden tener todo el stock que quieren vender por falta de espacio. Es más, teniendo en cuenta la escalada de los precios de los bienes inmuebles en las áreas metropolitanas, contar con tiendas grandes con muchos productos expuestos puede tener los días contados.

LA OPTIMIZACIÓN DE LA ÚLTIMA MILLA

Como decíamos, la gestión de la llamada última milla del proceso de entrega de una mercancía es un quebradero de cabeza tanto para las empresas de logística como para las que ofrecen los productos que tienen que ser entregados, ya que condiciona la percepción de la calidad del servicio y también su rentabilidad. Dicho de otro modo, las segundas entregas suponen una pérdida de tiempo y dinero. La logística inversa asociada a devoluciones, también.

La tendencia de los últimos años para revertir los inconvenientes de las segundas entregas ha sido establecer puntos de conveniencia. Vaya, que los transportistas dejen el paquete en un *picking point* cerca de tu domicilio, ya sea una tienda física, un servicio de taquillas o un *drive-thru*, si tu vecino no ha tenido a bien recogerlo por ti. En Europa, la tasa de recogida en estos puntos se sitúa en muchos países por encima del 20%.

Aun así, sigue habiendo muchos camiones medio vacíos (porque un conductor no puede repartirlo todo en una jornada laboral) circulando por las calles de las ciudades y, por tanto, contaminando.

Según la empresa Kiwi Last Mile, que se dedica a optimizar los repartos de última milla, el 40% de la contaminación de ciudades como Barcelona lo provocan los vehículos circulando para distribuir paquetes. Y es que la primera y la última milla representan entre el 30 y el 65% del impacto ambiental del comercio electrónico.

Para paliar esta situación, en los últimos años se ha experimentado con robots (que funcionan con energía eléctrica) para hacer más sostenible la entrega de paquetes, sobre todo en ciudades.

En España se han hecho pruebas piloto en Madrid y en los alrededores de Barcelona con varios tipos de robots, pero la legislación sigue siendo un escollo, en el sentido de que hay que regular la convivencia de las máquinas con otros vehículos y con nuestros queridos peatones. En Cambridge (Reino Unido), en diciembre de 2022, la gente se asombraba de que los robots repartidores hicieran cola pacientemente en los semáforos. En Miami, Uber Eats presentó a sus robots repartidores por las mismas fechas. Con el tiempo, esta opción puede convertirse en un elemento natural de nuestro paisaje urbano, de la misma forma que ya lo es tener robots camareros que llevan la comida a la mesa en algunos restaurantes.

Los sensores que les permiten detectar aceras, personas, mascotas y reconocer semáforos son también los que cambiarán el entorno conectado en el que vivimos. El Internet-of-Things se convertirá en Internet-of-Everything y cambiará la forma en la que nos relacionamos con nuestro entorno urbano para que todo sea —si cabe— más inmediato.

7
Un mundo muy único

Hace tiempo que dejamos atrás aquella época en la que teníamos pocos canales de televisión, pocos medios de comunicación, pocas cosas. O muchas menos que ahora. La oferta actual no puede ser más abundante y diversa, tanto que muchas veces el problema es escoger. Pero eso se rentabiliza. A Netflix no le importa nada que te pases un buen rato mirando su catálogo antes de escoger una serie o película, por decirlo suavemente.

Vivimos en un mundo dinámico y competitivo, frenético y cambiante, en el que buscamos experiencias únicas y especiales (aunque no siempre lo consigamos). En este escenario, cada año son más las empresas o *start-ups* que intentan entrar en las mismas industrias, con lo que resulta más difícil diferenciarse y ser relevante.

De ahí que cada vez sean más los impactos publicitarios, las propuestas y los mensajes que recibimos. De hecho, al parecer, cada día lidiamos con entre 3000 y 5000 impactos, y todo apunta a que esto no hará más que aumentar. La atención es un recurso escaso que vale dinero. Por eso, en la economía de la atención en la que vivimos, se ha convertido en la moneda de cambio con la que pagamos para acceder a determinados servicios, léase redes sociales o plataformas de vídeos o *streaming*, como Twitch, que ha revolucionado las retransmisiones y se ha convertido incluso en la extensión de una liga de fútbol real a siete, creada por el exfutbolista del FC Barcelona Gerard Piqué, quien sostiene que las jóvenes generaciones ya no quieren partidos de 90 minutos con una única acción o pantalla y prefieren partidos más cortos combinados con espectáculo y como extensión en internet. En resumen, las *big tech* viven de conseguir que mantengamos nuestra mente pendiente de su oferta.

Aun así, nuestros días siguen teniendo 24 horas y nuestra capacidad de procesar información y de digerirla sigue siendo más o menos la misma, aunque la tengamos que repartir entre más focos de atención que muchas veces incluso combinamos entre ellos al mismo tiempo (cuando, por ejemplo, interactuamos con nuestro móvil mientras vemos la televisión). Por eso es tan difícil para empresas y organizaciones de todo tipo conseguir ser realmente relevantes.

Ser relevante es y será más y más relevante en el futuro, valga la redundancia. Más que nada porque todo cambia y los clientes esperamos siempre más de las marcas con las que queremos conectar. Y por eso mismo es cada vez más difícil obtener esta relevancia y, sobre todo, mantenerla en el tiempo.

En 1965, las empresas que formaban parte del índice Standard & Poor's 500, que incluye a las 500 empresas más grandes de los Estados Unidos, conseguían mantenerse ahí, de media, treinta años. En 1990, esa media bajó a los veinte años y todo apunta a que en esta misma década esa cifra se situará por debajo de los doce años. Los motivos son múltiples. Pero, indudablemente, dejar de ser relevantes es y será uno de los más determinantes.

Por eso, ser relevante es la estrategia más sólida que podemos tener para conseguir la preferencia de nuestros clientes año tras año. Y no serlo es el camino más rápido para estar obligados a competir en precio y ver nuestros márgenes e ingresos resentirse.

Ya no basta con dar por supuesto que la atención de los consumidores se conquista con productos pensados para todos por igual. Y es que, según varios estudios, nuestra atención ha pasado (en quince años, del año 2000 al 2015) de los 12 segundos a los 8,25 segundos, de media. Y muy probablemente las *stories* de Instagram y TikTok estarán reduciendo alguna décima o segundo más esa cifra. Un drama. Johann Hari abunda en este tema en *El valor de la atención*, y deja claro que nuestra capacidad de concentración en labores intelectualmente complejas ha entrado en una profunda crisis. En este contexto, en la economía de la atención, deberemos conquistar la individualidad.

Vamos hacia un mundo donde la notoriedad se conseguirá de manera más global y más *longtail*, pero donde la comunicación deberá utilizar información y datos sobre intereses, preferencias y comportamientos de uso y de compra para ser mucho más personalizada y única, y así desplegar experiencias excepcionales que no pasen por ser todo para todos en todo momento.

Lo realmente importante será, pues, acercarse a los clientes adecuados en el momento adecuado con el mensaje adecuado. Y esto sin tecnología es literalmente imposible. Supone un desafío mayúsculo, porque vamos a tener que encontrar el perfecto equilibrio entre todo lo que la tecnología y la automatización nos pueden dar y la necesidad de mostrarnos lo más cercanos y humanos que sea posible con nuestra querida y estimada audiencia.

INCORPORANDO EL COMPORTAMIENTO A LA EXPERIENCIA

Para conseguir este equilibrio, tendremos que aprender a reconocer el comportamiento de usuarios y clientes. Un comportamiento que hasta hace muy poco solo usábamos de manera agregada para entender cómo evoluciona nuestro negocio digital, para entender cómo captar más y mejores usuarios y, a lo sumo, detectar momentos de fricción o de fuga en nuestros sitios web. A partir de ahora, deberemos empezar a utilizar ese análisis del comportamiento del usuario para reconocer la intención de nuestros clientes o potenciales compradores. Su intención, esta vez individual, será el *input* que nos permita desplegar una experiencia que le transmita algo que le pueda ser relevante. De ahí que debamos incorporar con fuerza la palabra *intent* (intención o intencionalidad) en nuestras estrategias comerciales. Solo podremos sacar conclusiones sobre la verdadera intención del cliente reconociendo su comportamiento, lo que nos llevará a desplegar una experiencia relevante. Y solo si nos proponemos mantener esa relevancia a lo largo de todos sus *journeys* podremos generar impacto y resultado. Porque la relevancia puede generar y genera resultados.

Por eso, y como decíamos en el libro *Relevancia*, escrito con mi estimado Richard Johnson, el futuro pasa por desplegar relaciones y construir experiencias que sean mucho más oportunas, cercanas e inteligentes, relevantes, en definitiva, para tener éxito en un mundo cada vez más digital. Experiencias en las que «digamos menos cosas, pero más relevantes y certeras de acuerdo con el perfil del cliente y su comportamiento, y donde no esperemos al usuario, sino que vayamos a por él». Experiencias «más sencillas que generen la menor fricción y automaticen al máximo el mayor número de acciones y procesos», que nos permitan «integrar nuestros múltiples canales y orquestarlos en un todo para ofrecer una misma voz y experiencia en todo momento», experiencias en las que «los algoritmos decidirán qué recomendar o comunicar a cada uno de nuestros usuarios y clientes según su contexto y perfil de compra». Al incorporar algoritmos y reglas de negocio, las experiencias digitales irán desarrollando dos superpoderes: podrán personalizar cualquier elemento que merezca ser personalizado y podrán predecir la intención del usuario.

Esto ya existe hoy día, es cierto. Ya tenemos algoritmos predictivos prácticamente en cualquier plataforma digital que se precie. Si has comprado *online*, habrás visto fórmulas del tipo «También te puede gustar», «Recomendados para ti» o incluso «Combina bien con lo que compraste». Estas funciones utilizan modelos de *machine learning* que aprenden continuamente de nuevos comportamientos para retroalimentar el modelo y mejorar los resultados. Esta capacidad de aprendizaje continuo es lo que hace que los modelos se mantengan vigentes con independencia de los cambios de estacionalidad o incluso de los cambios en los estilos o en las etapas de vida de nuestros clientes y usuarios.

La analítica predictiva rellena los huecos de información que no tenemos con respecto a nuestros usuarios y clientes. Y eso es una ventaja. Un cliente que compra un determinado producto hoy nos está diciendo cuándo puede volver a comprarlo, incluso sin que él mismo lo sepa. Podemos deducirlo de sus interacciones en la web para poder adelantarnos y sugerirle volver a comprar lo mismo o cualquier otro producto que responda a sus expectativas. También podemos deducir que otro cliente va a cancelar su suscripción con nuestro servicio a partir de lo que ha hecho o, mejor dicho, no ha hecho en los últimos treinta días. Somos todos muy predecibles. La buena noticia es que la analítica predictiva nos da tiempo para revertir la situación. Dicho esto, es importante tener en cuenta que la capa predictiva que añadimos a nuestro negocio no es infalible ni mucho menos perfecta. Pero tampoco pretende serlo. Es una ayuda valiosa, probablemente más potente que nuestra intuición.

Sea como sea, los consumidores prefieren ofertas personalizadas, siempre que el nivel de personalización no rebase ciertos límites que el usuario puede considerar desconcertantes o excesivos. Según Epsilon, el 80% de los compradores prefiere recomendaciones personalizadas. Por eso, no es de extrañar que el 35% de las ventas en Amazon provengan de las mismas sugerencias o recomendaciones que nos hace o que el 75% de los usuarios de Netflix acaben viendo algo de lo que la plataforma les ha sugerido según su perfil y comportamiento de uso previo.

CONTENIDOS ADAPTADOS A NUESTROS DESEOS

De hecho, Netflix es un ejemplo de adaptación de contenidos según el perfil de los usuarios. Cuando accedes a su plataforma, Netflix te ayuda a encontrar un *show*, una serie o una película que ver con el mínimo esfuerzo. Para eso, tiene en cuenta tus interacciones con el servicio (si le has dado o no *like* a un contenido), lo que han visto otros usuarios con gustos similares, la información que incluyen los títulos, como el género, la categoría, los actores, la fecha de estreno, etc.; la hora del día en la que accedes al servicio; el tipo de dispositivo con el que te has conectado y el rato que has permanecido delante de la pantalla. Toda esta información es usada como *inputs* por algoritmos para crear nuevas recomendaciones y, en parte, también para determinar las búsquedas que acabarás haciendo en el propio buscador. Además, el servicio avisa de que los visionados más recientes pasan por delante de los más antiguos. Así pues, si cuando te das de alta dejas claro que te gustan las películas del *far west* pero después te pones a ver películas de ciencia-ficción, las últimas recomendaciones se basarán en las segundas.

Sea como sea, la plataforma ordena la *homepage* del usuario en función de lo que cree que le gustará ver. Esto queda claro cuando te das cuenta de que el Netflix de cualquier amiga o familiar no se parece en nada al tuyo y empiezas a descubrir nuevas series que no sabías ni que existían. La experiencia se percibe como única y eleva las barreras de salida del usuario, aunque también puede generar sensación de FOMO (acrónimo de Fear

Of Missing Out, en inglés), es decir miedo a estar perdiéndose algo interesante.

Con todo, los servicios del futuro aprenderán automáticamente la mejor forma de presentar un contenido y priorizarán aquellos con alto nivel de conversión. Probarán vídeo, imágenes, textos escritos en diferentes tonos —como informal, crítico o formal— y, a partir de ahí, captarán una audiencia que sentirá que el servicio les es más cercano para conseguir así un mayor compromiso y *engagement*.

PUBLICIDAD MÁS PRECISA Y MENOS OBVIA

La publicidad es otra área que tener en cuenta en este mundo único que describimos. Saber los contextos de las audiencias, sus preferencias agrupadas en clústeres y la propensión a realizar determinadas acciones hará que las campañas publicitarias sean cada vez más efectivas. Hoy en día, el 80% de la inversión publicitaria en digital ya la decide un algoritmo (o varios) que consiguen resolver decisiones de compra y venta de inventario publicitario y concluir qué anuncio mostrarnos en menos de 200 milisegundos, lo que permite hacer pujas automáticas (*real-time bidding*, en inglés) para comprar impresiones según la información que se consigue obtener del navegador del usuario. Los algoritmos trabajan de manera incansable conectando usuarios que visitan un determinado contenido con miles de marcas que participan en una subasta de milésimas de segundo para decidir qué anuncio tiene que aparecer y a qué precio. Y esto es tremendamente efectivo.

De hecho, en los últimos años, han corrido teorías de todo tipo sobre si Instagram o Facebook nos escuchan. Y es que cualquiera que se haya fijado sabe que estas aplicaciones ofrecen anuncios relacionados con hechos que hemos podido comentar en algún momento. La respuesta oficial es que no lo hacen, que solo relacionan datos. Aun así, la duda persiste.

Sea como sea, está claro que la publicidad programática, que une publicidad digital, *big data* e inteligencia de medios, se va haciendo un hueco en las acciones de *marketing* de marcas y anunciantes. Esto, sumado al hecho de que los mensajes publicitarios se mezclan cada vez más con la información pura y dura, en forma de artículos patrocinados (la clásica *publicity*), *posts* patrocinados en redes sociales o contenido corporativo más o menos camuflado en *branded content* o publirreportajes, hace que la frontera entre la información y la publicidad esté cada vez más difuminada. Y este es un signo de los tiempos que impacta en la forma en la que se percibe «el estado estético y cultural de la sociedad», como diría el especialista en comunicación de masas Miquel de Moragas.

El llamado *native advertising*, que coloca contenido publicitario entre piezas informativas, suele ir convenientemente etiquetado o señalado como tal. Básicamente porque así lo marca la ley. Al menos en España. Pero la inteligencia artificial lo llevará a otro nivel al permitir crear contenido de forma automática y acorde a nuestro perfil. Esta técnica, que se llama *dynamic creative optimization*, es la que utiliza Heliograf, el robot que usa el *Washington Post* desde 2016 para escribir noticias breves de diversos temas.

La televisión y la radio también irán incorporando esta tendencia. La digitalización de los terminales permite que dos personas que entren a un mismo canal puedan ver publicidades distintas en función de sus intereses.

El futuro de las empresas pasa, así pues, por construir capacidades que les permitan convencer y persuadir a sus clientes de la manera más personalizada y oportuna posible a través de algoritmos que aprendan por ellos mismos y mejoren constantemente su propuesta.

El consumidor ha vivido unos años en los que internet le ha dado mucho poder, el poder de decidir con un clic. Pero esto podría cambiar, y las capas de inteligencia que las empresas incorporarán les otorgará mayor fuerza para redefinir esa relación. El acceso a grandes cantidades de datos y, sobre todo, a su explotación permitirá a las empresas ponernos delante de mensajes que hagan que reaccionemos tal y como esperan (o casi). Las marcas se harán cada vez más invisibles, en el sentido de que los clientes no se darán cuenta de cómo juegan sus cartas haciendo uso de las últimas técnicas de persuabilidad, personalización, *machine learning* y conexión emocional para vendernos sus productos. O eso es lo que argumenta William Ammerman en su libro *The Invisible Brand: Marketing in the Age of Automation, Big Data, and Machine Learning.*

Por parte de los usuarios, el reto será aprender cómo les están queriendo persuadir y por qué. Empieza una partida de poder entre marcas y consumidores que provoca sentimientos encontrados porque, por una parte, significa un avance tecnológico en el arte de vender productos y servicios, pero, por otra, lleva al extremo la lógica de la sociedad de consumo en el sentido de que, como apuntaba el sociólogo francés Jean Baudrillard en *La sociedad de consumo: sus mitos, sus estructuras*, no se desea el objeto en sí, sino la necesidad en sí misma.

Y es que, por muy complejos e imprevisibles que pensemos que somos, nuestra personalidad es tipificable, no solo en eneatipos o perfiles psicodemográficos, y nuestro comportamiento, potencialmente previsible. Y cuando las características del consumidor son medibles, podemos hacer uso de esa información para comunicarnos de manera más efectiva, ganarnos su confianza y acabar provocando la acción que perseguimos: su compra.

Personality AI, que mezcla *big data*, *machine learning* y psicología, permite precisamente eso: identificar patrones para poder tener una comunicación más efectiva con los clientes. Crystal Knows, la extensión de Chrome que se puede añadir a LinkedIn, Gmail o Salesforce, es un ejemplo de ello. Ofrece la posibilidad de conocer la personalidad del destinatario de nuestros mensajes para enfocar mejor su redacción. Y lo hace sin realizar ningún test, tan solo analizando los posts y el nivel de actividad de LinkedIn. Como todo, no es perfecto. La personalidad resultante depende de los posts publicados, que a su vez dependen de lo que el usuario quiera mostrar en redes sociales, que puede definir en gran parte su personalidad o quizá no tanto. Pero, sin duda, ofrece pistas.

Puede que los algoritmos acaben sabiendo tanto de nosotros y de nuestra personalidad que puedan aprovecharse de nuestros puntos débiles para persuadirnos. Pero, como en todo, la virtud está en el término medio. Personalizar la comunicación es útil, a no ser que por nuestras ansias de vender y persuadir nos pasemos, como decíamos, de agresivos comercialmente o abusemos de la falta de tacto y la inoportunidad en nuestros mensajes. El exceso insensibiliza.

Hay consumidores que se sienten agobiados por el exceso de publicidad y que navegan por internet con navegadores que los desactivan, o no les prestan ya ninguna atención ni en la web ni en otros canales, aunque *start-ups* como Alphonso, que combina televisión, *machine learning* y *big data analytics*, les intenten ofrecer anuncios vía su *smart* TV.

Para entenderlo mejor, tenemos que hablar de recencia y frecuencia, variables claves en el mundo de la publicidad. Y es que cruzar la delgada línea que separa la persuasión del hostigamiento puede jugar en nuestra contra. Al menos eso es lo que dice un estudio de SmarterHQ según el cual el 63% de los consumidores dejaron de comprar en marcas que realizaban campañas personalizadas pobres o mediocres porque realizaban demasiados contactos o exposiciones o eran mostradas por periodos excesivamente largos.

Pero la frecuencia no es el único elemento que considerar para evitar experiencias personalizadas mediocres. La sensibilidad mostrada al hacer uso de la información sobre los usuarios será el mejor indicador para saber qué línea no debíamos nunca haber cruzado.

La sensibilidad está en nuestra capacidad de discernir entre lo correcto y lo incorrecto. Por ello, a pesar de que es mejor que automaticemos todas nuestras comunicaciones siempre que sea posible, será necesario que un humano las supervise para no ir más allá de lo que corresponde. La inteligencia artificial y toda la automatización que utilicemos para escalar y ser más eficientes deberán seguir directrices que impidan llegar a situaciones donde los algoritmos actúen bajo su propia ley enviando mensajes y comunicaciones que no han sido validadas. Pasarse de frenada es más fácil de lo que parece.

Un ejemplo claro de falta de tino es el que vivió hace ya algunos años la cadena de supermercados norteamericana Target, que creó toda una serie de promociones utilizando los datos de consumo de sus clientes para predecir su comportamiento futuro. Una de las promociones consistía en enviar cupones de descuento en productos de maternidad a mujeres de las cuales se infería (mediante algoritmos de *machine learning*) que estaban embarazadas. Uno de estos mensajes llegó a una joven adolescente cuyo padre se enfureció por el descaro de la promoción... ¿Cómo se les ocurría sugerir que su pequeña estuviera embarazada o, peor aún, animarla a estarlo? La noticia generó bastante revuelo y Target tuvo que acabar pidiendo disculpas públicas a pesar de que el algoritmo adivinó que la joven realmente sí estaba embarazada.

Sobra decir que, desde entonces, los algoritmos de predicción han mejorado. De hecho, existen incluso métodos de *deep learning* para que expresen de forma más clara la incertidumbre presente en sus predicciones. Dicho de otro modo, es posible enseñarles a decir «no estoy segur@». De esta forma se pueden desarrollar modelos analíticos que sean capaces de abstenerse de realizar una predicción si esta no es lo suficientemente confiable.

ANTICIPÁNDONOS SIEMPRE QUE PODAMOS

Así pues, la tecnología nos permitirá cada vez más saber y predecir cosas de nuestros clientes que ni ellos mismos saben. Poderlo detectar a tiempo será imprescindible si no queremos romper la confianza que tanto nos ha costado construir con ellos. El desafío pasa por lograr ofrecer experiencias más oportunas sin romper el equilibrio entre lo adecuado y lo invasivo. Es decir, ofrecer el producto adecuado a la persona adecuada en el momento y lugar adecuados sin ruborizar ni incomodar a nadie, y haciendo un uso razonable de los datos que capturamos (o que pagamos) de nuestros usuarios.

Anticiparse a las necesidades de los clientes crea valor y supone un diferencial competitivo. Es como entrar en la cafetería del barrio por la mañana y que sepan exactamente cómo quieres el café y el *croissant*, o la tostada con aguacate.

Pero trasladar esta experiencia al mundo digital no es fácil porque, aunque la analítica dé pistas sobre el dónde, cuándo y a través de qué canal (web, redes sociales, mensajería...), los datos crean una capa de ruido que hay que saber sortear. Dicho de otro modo, deberían permitirnos ser proactivos y reactivos a la vez. La clave está en utilizar varias herramientas de análisis de datos, si puede ser en tiempo real, para recomendar acciones en el contexto del cliente.

Estas acciones pueden estar relacionadas con el servicio al cliente, el compromiso del cliente, el producto o la financiación, y pueden aparecer en forma de texto, imagen o *app*, o de forma más inmersiva cuando se hayan desarrollado gafas más cómodas de realidad virtual.

De todos modos, y en cualquier caso, tienen que ser percibidas como lo que en *marketing* se conoce como «la siguiente mejor experiencia» (o *next best experience*). En este sentido, también puede ocurrir que la siguiente mejor experiencia para un cliente sea no hacer nada si eso es lo mejor para que nuestra relación con él o ella sea mejor a largo plazo.

Y esto da que pensar, porque pone el foco en el contexto del valor de vida de un cliente (*customer lifetime value*, en inglés) y en su correcta interpretación para poder diseñar experiencias que estén en la intersección entre sus necesidades y las necesidades de la empresa. De esta forma conseguiremos crear un mundo único.

.01010110110101101.01010101010110101010101010
.01010101010011101.01010101010101010101010101
100101010101100 10 01 1010101011010101010101010
.010101101101011' .01010101010110101010101010
.01010101010011 1010101010101010101010101010
100101010101' .001 10101010110101010101010101
.0101011011')1010101010101101010101010101010
010101010' .0101010101010101010101010101010
1001010')1001 10101010110101010101010101
10101')101010101010101101010101010101010
1010' 0101010101010101010101010101010101
'10 '101001'10101010110101010101010101010.
1010101010101010101010101010101001101

CONCLUSIÓN

«Si te sientes abrumado y confundido por la situación global, estás en la senda adecuada». O eso dice el historiador Yuval Harari en *21 lecciones para el siglo XXI*.

Procesar todo lo que está pasando en estos últimos tiempos no es fácil, y nadie se atreve a pronosticar si, al final, tanto movimiento, tanto cambio hará que realmente vivamos mucho mejor. No tenemos una respuesta clara respecto a eso. Sin embargo, sí sabemos que muchas de las tendencias que apuntamos en este libro se harán realidad en pocos años (algunas, como ChatGPT, ya lo están siendo) y puede que incluso sonriamos al pensar cómo podíamos vivir sin tanto algoritmo, tanto token, sin asistentes virtuales, sin sensores por todas partes o sin nuestras super Apple Vision.

Llevamos tiempo viendo señales que llevan implícitos cambios muy significativos en la forma en la que empresas, las marcas y los consumidores aspiran a relacionarse. Entramos en un mundo en el que será más importante que nunca estar lo más cerca posible de los clientes para aprender y evolucionar con ellos antes que nadie. Un mundo donde los consumidores buscaremos el acceso a un sinfín de productos que no dejen de sorprendernos, incluso más que poseerlos. Un mundo donde, por esa misma razón, todo producto acabará convirtiéndose en un servicio (lo-que-sea, *as-a-service*), donde preferiremos pagar por el uso. Un mundo donde lo digital competirá y se entrelazará cada vez más con lo físico, lo que provocará a su vez que sectores e industrias antes separados se entremezclen y sea de lo más normal ver actores de diferentes sectores competir entre sí o incluso colaborar. Un mundo en que los espacios físicos y el concepto mismo de tiendas no tardará en repensarse y donde la experiencia será el eje central para conectar con una clientela más atenta y, al mismo tiempo, más exigente.

 La economía circular nos preocupará cada vez más, y cualquier fórmula de reciclaje o de economía colaborativa será vista con buenos ojos por unas audiencias sensibilizadas con vivir en un mundo bajo en carbono, con mayores niveles de justicia y transparencia. Lo local y lo orgánico ganará adeptos. Seguiremos viviendo más y más años, y una población de adultos mayores, ociosos y digitales, deberá encontrar excusas para ocupar bien el tiempo. La automatización y robotización del mundo nos harán más desiguales, y muchos deberemos aspirar a universalizar una renta básica que nos permita tener una vida digna.

 Las organizaciones deberán entenderse cada vez más en clave de ecosistemas o plataformas sumamente descentralizadas forjando una distancia cero con el mercado, y teniendo en cuenta a una competencia más global en un escenario en el que las empresas súper tecnológicas se aprovecharán de sus economías de escala y, especialmente, de su acceso a todo tipo de algoritmos y datos para evolucionar más rápido y con más potencia que el resto. Por eso, no dejarán de crecer. Horizontalmente, como ya lo hace Alibaba cuando propone Alipay a sus más de 800 millones de usuarios. O verticalmente, como cuando Google decidió convertirse en Alphabet y se puso a invertir y comprar compañías en espacios como la fusión fría, el *antiaging* o la conducción autónoma. También a base de experimentar e innovar, como Amazon sabe hacerlo incrementando año tras año su presupuesto en I+D un 44%.

El futuro digital que nos espera hará que sintamos nuestro mundo más intangible si cabe todavía. Este mundo, tomando las palabras del filósofo Byung-Chul Han, de no-cosas al que vamos (traducidas como todo aquello que sea digital) podría no gustarnos. Porque el mundo inmersivo que se viene buscará eliminar «el encuentro personal, el rostro, la mirada, la presencia física. La vida misma adquirirá forma de mercancía. Se comercializan muchas relaciones humanas», dice. Han avisado de algo que ya ocurre: «Los afectos humanos son sustituidos por valoraciones o *likes*. El capitalismo de la información está conquistando todos los rincones de nuestra vida; es más, de nuestra alma», concluye el filósofo. Por eso, más que nunca, deberemos reivindicar el querer ser humanos y aprovechar lo que la tecnología promete traernos sin renunciar a la sostenibilidad, la resiliencia y la ética.

La tecnología es solo eso. Una herramienta. Una herramienta que nosotros como seres humanos podemos usar para crear un mundo mejor, pero también para construir un mundo peor. Y viendo cómo nos ha ido en este primer tramo de digitalización, más nos vale no repetir los mismos errores.

En este mundo más digital, es más importante que nunca querer ser más humanos que nunca. La tecnología no podrá reemplazar las emociones, el amor o la compasión por los demás. O al menos en el corto plazo. Estas son características que solo podemos potenciar los seres humanos, por mucho que las máquinas puedan imitarnos. Por eso, debemos encontrar un equilibrio entre la tecnología y la humanidad, en una simbiosis que nos permita aprovechar el potencial de las máquinas para crear un mundo mejor, sin olvidar lo que realmente nos hace ser humanos. Porque, en definitiva, lo que importa es saber en qué mundo queremos vivir y qué planeta queremos dejar a las generaciones que vendrán por detrás.

Somos las personas las que tenemos el poder de cambiar el mundo, por mucha inteligencia artificial que quiera ponerse por el camino. Y somos las personas las que debemos aprender a convivir con el cambio. Un cambio que nos va a obligar a desarrollar un cierto equilibrio emocional que nos permita mantenernos centrados y enfocados, a pesar de los desafíos u obstáculos que puedan surgir en el camino y nos ayude a gestionar el estrés y la ansiedad, y a mantener una actitud positiva y optimista, incluso en momentos de incertidumbre y adversidad. La necesitaremos porque oiremos cantos de sirenas que nos advertirán de que la robotización y la inteligencia artificial se llevarán por delante nuestra humanidad y muchos de nuestros trabajos. No serán ellas, seguramente. Pero quizá sí otras personas u otras empresas que deseen perderle el miedo a todos los cambios que vienen y sean las primeras en sacarle el máximo provecho.

Sin duda, el futuro se nos antoja más incierto que nunca. Y, precisamente por ello, vamos a tener que repensar el tipo de liderazgo que necesitaremos en todo tipo de organizaciones (no sólo las empresariales, también políticas y sociales). Un liderazgo que deberemos dejar cada vez más en manos de aquellas personas que no se conformen en aceptar el presente tal como es y que deseen llevar a sus organizaciones hacia un futuro mejor.

Esos líderes ya viven entre el presente y el futuro. Viven en la frontera. Viven en el «edge». Por eso, el inestimable Alfons Cornella tuvo a bien llamarles «edgers» para referirse a esa nueva generación de líderes del futuro. Líderes del futuro que se caracterizan por ser inconformistas, al punto de ser rebeldes. Pero, no rebeldes sin causa. Rebeldes porque precisamente saber ver aquello que el resto somos incapaces de ver. Saben leer el mercado cómo los demás no son capaces de hacerlo y dibujan horizontes de futuro en los que explorar nuevas oportunidades o líneas de acción.

Son audaces (porque se atreven) pero dúctiles (porque se adaptan). Para convertir en realidad lo que se proponen, actúan de forma audaz y determinada para atraer y movilizar recursos y agentes de cambio a su alrededor. Pero, lo hacen con mezcla de valentía y sentido común que les lleva a adaptarse a las circunstancias tantas veces como se necesite.

Los «edgers» son tecnoabiertos porque entienden la función crítica de la tecnología y continuamente está buscando entender cómo será el futuro y cuáles son aquellas tendencias y cambios que deberá abrazar su negocio.

Son claros conectores porque conectan el negocio con la tecnología, lo que sucede dentro de su organización con lo que pasa afuera, los más jóvenes con los más experimentados. Son de alguna manera constructores de puentes entre equipos y organizaciones y no dudan en conectar objetivos y retos con capacidades y recursos, por muy limitados que sean.

Son multiplicadores porque sobre todo buscan hacer crecer a sus equipos. Para ello, entiende cuán importante es comunicar y liderar a personas y equipos, así como gestionar hábilmente sus psicologías y energías. No buscan recibir medallas porque no las necesitan y suman una capa de humildad en cuanto hacen porque tienen muy claro que la figura del héroe forma parte del pasado y hoy, más que nunca, los líderes del futuro tienen que ponerse al servicio de sus equipos.

Aunque se sienten muy cómodos en el mundo de las ideas y las estrategias, son megaresolutivos. Hacen que las cosas pasen combinando furia con finezza. Furia (por cómo empujan) pero con finezza (porque lo hacen sin romper nada ni a nadie). Saben en cualquier caso manejar bien los «tempos» de sus agendas y sus equipos.

Y, *last but not least*, son curiosos y curiosas por naturaleza. Viven con una clara actitud de turistas para explorar lo desconocido, aprender todos los días y adaptarse a nuevas situaciones y desafíos. Solo así consiguen aprovechar al máximo las increíbles oportunidades que este futuro extraordinario les depara.

¿Y tú? ¿Te consideras edger?

(To be continued)